SAMMLUNG GÖSCHEN BAND 1059

Aufgabensammlung zu den gewöhnlichen und partiellen Differentialgleichungen

Von

Dr. Guido Hoheisel

o. Professor der Mathematik
an der Universität Köln

Zweite, umgearbeitete Auflage

Walter de Gruyter & Co.

vormals G. J. Göschen'sche Verlagshandlung · J. Guttentag, Verlagsbuchhandlung · Georg Reimer · Karl J. Trübner · Veit & Comp.

Berlin 1952

Archiv-Nr. 11 10 59

Satz: Walter de Gruyter & Co, Berlin W 35
Druck von Thormann & Goetsch, Berlin SW 61

Printed in Germany

Inhaltsverzeichnis.

Abkürzungen.

G. D. = Hoheisel, Gewöhnliche Differentialgleichungen. Sammlung Göschen, Bd. 920. 4. Aufl. 1950.

P. D. = Hoheisel, Partielle Differentialgleichungen. Sammlung Göschen, Bd. 1003. 3. Aufl. 1951.

Ikurven = Integralkurven.

Teil I.

Gewöhnliche Differentialgleichungen.

Kapitel I. Differentialgleichungen erster Ordnung.

§ 1. Die einfachsten Integrationsmethoden.

Eine Differentialgleichung erster Ordnung, linear in y', ist entweder in der Form

$$(1) \qquad P(x, y) + Q(x, y) \cdot y' = 0$$

oder in der Form

$$(1') \qquad P \cdot dx + Q \cdot dy = 0$$

gegeben. Die letzte Form bevorzugt keine Koordinate. Lösung heißt jede Kurve $x = x(t)$, $y = y(t)$, für die

$$P(x(t), y(t)) \cdot \frac{dx}{dt} + Q(x(t), y(t)) \cdot \frac{dy}{dt}$$

identisch Null ist. Bei Einführung neuer Koordinaten ist die zweite Form zumeist bequemer und dürfte daher fast immer zu bevorzugen sein. Zu erkennen, ob eine vorgelegte Differentialgleichung zu einem integrablen Typus gehört, ist Sache der Übung. Die Differentialgleichung

$$4x^2 \cdot y' + y + 3x = 0$$

bzw.

$$(y + 3x)\, dx + 4\, x^2 \cdot dy = 0$$

wird vielleicht in der zweiten Form nicht sofort als lineare Differentialgleichung erkannt. Doch dürfte in der Gleichung

$$(2x - 7 + y^5 - 2y^3) \cdot y' + 4 - y^3 + y = 0$$

bzw.

$$(2x - 7 + y^5 - 2y^3) \cdot dy + (4 - y^3 + y) \cdot dx = 0$$

die zweite Form leichter erkennen lassen, daß für x als Funktion von y eine lineare Differentialgleichung vorliegt. Es ist daher zweckmäßig, sich an beide Formen gleichermaßen zu gewöhnen. Will man nun eine Gleichung (1), (1′) integrieren, so überzeugt man sich zunächst, ob sie linear oder ob sie homogen ist. Man muß im zweiten Fall beachten, daß P und Q selbst nicht homogen zu sein brauchen, sondern nur ihr Quotient. Ein grobes Beispiel dafür ist

$$\sin(x+y)(x^3-4y^3)\,dx + (x^2y-7x^3+3xy^2)\cdot\sin(x+y)\,dy = 0.$$

Nach Division durch $\sin(x+y)$ ist diese Gleichung homogen. Zu den Lösungen gehören nicht nur die Lösungen der homogenen Gleichung, sondern auch (als singuläre) die Geraden $x+y=n\cdot\pi$. Ist die vorgelegte Gleichung weder linear noch homogen, so prüft man, ob sie eine totale Differentialgleichung ist, das heißt, ob $\frac{\partial P}{\partial y}=\frac{\partial Q}{\partial x}$ ist. Ist auch das nicht der Fall, so wird man vielleicht auf Grund der besonderen Gestalt der Gleichung eine spezielle Operation anwenden, die das Problem erleichtert, z. B. Einführung neuer Variabler. Eine feste Methode gibt es hierbei nicht. Als methodischer Ansatz bleibt noch übrig, einen integrierenden Faktor zu suchen. Man weiß, daß diese Methode dann aussichtsreich ist, wenn es eine Funktion von x oder y allein gibt, die integrierender Faktor ist. Das läßt sich noch verallgemeinern. Wenn (1′) einen integrierenden Faktor μ hat, der nur von einer Größe $v(x, y)$ abhängt $\mu=\mu(v(x, y))$, dann ist wegen

$$\frac{\partial(\mu P)}{\partial y}=\frac{\partial(\mu Q)}{\partial x}$$

$$(2)\qquad \mu'(v)\cdot(P\cdot v_y-Q\cdot v_x)=\mu(v)\cdot(Q_x-P_y).$$

Damit es eine solche Funktion gibt, muß offenbar

$$(3)\qquad (P\cdot v_y-Q\cdot v_x):(Q_x-P_y)$$

eine Funktion von v allein sein. Ist das der Fall, dann ist μ aus der linearen Differentialgleichung (2) sofort zu bestimmen. In besonderen Fällen wird es möglich sein, zu erkennen, für welche Funktion v der Ausdruck (3) nur von v abhängt. Für

$v = x$ und $v = y$ ergeben sich die schon bekannten Bedingungen (G. D. S. 13). Für $v = x \cdot y$, $x^2 + y^2$, x/y usw. erhält man eine Reihe neuer, übersichtlicher Bedingungen.

Die nun folgenden Beispiele sollen an die verschiedenen Integrationsmethoden erinnern.

1) $$\frac{\operatorname{tg} y}{\cos^2 x} + \frac{\operatorname{tg} x}{\cos^2 y} \cdot y' = 0.$$

In Form (1′) setzen. Trennung der Variablen möglich:

$$\frac{dx}{\operatorname{tg} x \cdot \cos^2 x} + \frac{dy}{\operatorname{tg} y \cdot \cos^2 y} = 0;$$
$$\log \operatorname{tg} x + \log \operatorname{tg} y = c$$
$$\operatorname{tg} x \cdot \operatorname{tg} y = (e^c =) C.$$

2) $y \cos(x - y)\, dx = (y \cos(x - y) + \sin(x - y))\, dy.$

Die Gestalt der Gleichung legt es nahe, $v = x - y$ an Stelle von x als Veränderliche zu wählen.

$$y \cdot \cos v \cdot d(v + y) - (y \cdot \cos v + \sin v) \cdot dy = y \cdot \cos v \cdot dv - \sin v \cdot dy = 0.$$

Trennung der Variablen ergibt neben $y \equiv 0$

$$\log \sin v - \log y = c, \qquad y^{-1} \cdot \sin(x - y) = C$$
$$x = y + \arcsin(C \cdot y).$$

3) $$(3\, x^2 y^2 - y) \cdot dx + x \cdot dy = 0.$$

Die Form läßt erkennen, daß eine Bernoullische Gleichung vorliegt (G. D. S. 19):

$$y' - x^{-1} y + 3xy^2 = 0; \quad z = y^{-1}; \quad z' + x^{-1} z - 3x = 0;$$
$$z = cx^{-1} + x^2.$$

4) $$(x^3 y - 2y^4) \cdot dx + (y^3 x - 2x^4) \cdot dy = 0.$$

Homogene Diffgl. $z = y : x$ ($y \equiv 0$, $x \equiv 0$ Lösungen)

$$(z - 2z^4)\, dx + (z^3 - 2)(x\, dz + z\, dx) = 0$$
$$\frac{dx}{x} = \frac{z^3 - 2}{z \cdot (z^3 + 1)}\, dz.$$

Die rechtsseitige Quadratur erfordert Faktorenzerlegung des Nenners. Aus dem Ansatz

$$\frac{z^3-2}{z\cdot(z^3+1)}=\frac{\alpha}{z}+\frac{\beta}{z+1}+\frac{\gamma z+\delta}{z^2-z+1}$$

ergibt sich etwa durch Koeffizientenvergleich:

$$\alpha=-2,\qquad \beta=1,\qquad \gamma=2,\qquad \delta=-1.$$

$$\lg x=-2\log z+\log(z+1)+\log(z^2-z+1)+c;$$

$$z^3+1=C\,x\,z^2;\ y^3+x^3-Cy^2x^2=0.$$

5) $(x+y)^2\,y'=a^2$; $x+y=u$ an Stelle von x gewählt:

$$(x+y)^2\cdot dy-a^2\,dx=u^2\cdot dy-a^2\,(du-dy)=0$$

$$dy-\frac{a^2}{u^2+a^2}\cdot du=0;\qquad y-a\cdot\operatorname{arctg}\frac{u}{a}=c;$$

$$\frac{u}{a}=\operatorname{tg}\frac{y-c}{a};\qquad x=-y+a\cdot\operatorname{tg}\frac{y-c}{a}.$$

6) $$(x^2+y^2+4)\cdot dy+4xy\,dx=0;$$

$\frac{\partial Q}{\partial x}-\frac{\partial P}{\partial y}=2x-4x=-2x.$ Durch $P=4xy$ dividiert ergibt sich

$$-(2y)^{-1},\ \text{mit}\ \mu=e^{-\int\frac{1}{2y}\cdot dy}=y^{-\frac{1}{2}}$$

als integrierendem Faktor;

$$4x\sqrt{y}\,dx+(x^2+y^2+4)(\sqrt{y})^{-1}\,dy$$

$$=d\left(2\cdot\left(x^2+\frac{y^2}{5}+4\right)\cdot\sqrt{y}\right)=0;$$

$$\sqrt{y}\,(5x^2+y^2+20)=c.$$

Substitution $x^2=u$, $y^2=v$ führt zu einer Gleichung der Art 8). Es ist natürlich nicht nötig, das Integral in expliziter Form hinzustellen. Vielfach ist die explizite Darstellung aber zweckmäßig, wenn die geometrische Gestalt der Integralkurven erkannt werden soll.

7) $(y+1)\,dx-(2xy+2x+y^3+1)\,dy=0.$

$y+1$ ist gemeinsamer Faktor, also $y+1=0$ ein singuläres Integral. Die Gleichung ist linear, wenn man y als unabhängig und x als Funktion von y ansieht: $\frac{dx}{dy} - 2x = y^2 - y + 1$. Das allgemeine Integral ist

$$x = e^{2y} \int e^{-2y} (y^2 - y + 1)\, dy + C \cdot e^{2y}.$$

Partielle Integration ergibt

$$2x + y^2 + 1 + C \cdot e^{2y} = 0$$

8) $$(x + 2y + 1) \cdot dx + (2x + 3y) \cdot dy = 0.$$

Um die Gleichung homogen zu machen, hat man den Schnittpunkt der beiden Geraden $x + 2y + 1 = 0$, $2x + 3y = 0$ auszurechnen: $x_0 = 3$, $y_0 = -2$. Für $\bar{x} = x - 3$, $\bar{y} = y + 2$ ergibt sich $(\bar{x} + 2\bar{y}) \cdot d\bar{x} + (2\bar{x} + 3\bar{y}) \cdot d\bar{y} = 0$.

Die Querstriche lassen wir jetzt weg; $z = y : x$

$$(1 + 2z)\, dx + (2 + 3z)\,(x\, dz + z\, dx) = 0$$

$$\frac{dx}{x} + \frac{3z + 2}{(3z + 1) \cdot (z + 1)} \cdot dz = 0$$

$$\frac{dx}{x} + \tfrac{3}{2} \cdot \frac{dz}{3z + 1} + \tfrac{1}{2} \cdot \frac{dz}{z + 1} = 0$$

$\log\left(x^2 \cdot (3z + 1)^3 \cdot (z + 1)\right) = c. \qquad (y + x)(3y + x)^3 = C x^2.$

Fügt man nun die Querstriche wieder hinzu, so ergibt sich

$$(x + y - 1)(x + 3y + 3)^3 = C (x - 3)^2.$$

9) $$\left(5\, e^{3x} \sin(4x + 3y + \gamma) - 4\,(x + y)\right) dx + \left(3\, e^{3x} \cos(4x + 3y) - 4\,(x + y)\right) dy = 0.$$

γ bedeutet den Winkel, für den $\cos\gamma = \frac{3}{5}$, $\sin\gamma = \frac{4}{5}$ ist,

$$P_y = 15\, e^{3x} \cos(4x + 3y + \gamma) - 4$$
$$Q_x = 9\, e^{3x} \cos(4x + 3y) - 12 e^{3x} \sin(4x + 3y) - 4.$$

Das Additionstheorem der cos-Funktion liefert $P_y = Q_x$. Die Gleichung ist also total.

$$c = z(x, y) = \int_0^x \left(5 e^{3t} \sin(4t + \gamma) - 4t\right) dt + \int_0^y \left(3\, e^{3x} \cos(4x + 3t) - 4\,(x + t)\right) dt.$$

Durch partielle Integration gewinnt man

$$\int e^{ax} \cdot \frac{\sin}{\cos}(bx+c)\,dx$$

$$= \left(\frac{e^{ax}}{a} \cdot \frac{\sin}{\cos}(bx+c) \mp \frac{b}{a^2} \cdot e^{ax} \cdot \frac{\cos}{\sin}(bx+c)\right) \cdot \frac{a^2}{a^2+b^2}.$$

Daher $z(x, y) = e^{3x} \sin(4x+3y) - 2(x+y)^2 = c$ das allgemeine Integral.

§ 2. Ergänzungen zur Theorie. Weitere integrable Typen.

Bemerkung: Ist $\varphi(x, y) = c$ das allgemeine Integral einer Diffgl. $M\,dx + N\,dy = 0$, ist ferner $\mu(x, y)$ ein integrierender Faktor, so ist auch $\mu \cdot w(\varphi)$ ein solcher, wobei w eine willkürliche differenzierbare Funktion einer Variablen bedeutet.

Beweis:

$$\frac{\partial}{\partial y}\big(\mu\, w(\varphi)\, M\big) = w(\varphi)\,\frac{\partial}{\partial y}(\mu\, M) + \mu\, M\, w'(\varphi)\,\frac{\partial \varphi}{\partial y}$$

$$\frac{\partial}{\partial x}\big(\mu\, w(\varphi)\, N\big) = w(\varphi)\,\frac{\partial}{\partial x}(\mu\, N) + \mu\, N\, w'(\varphi)\,\frac{\partial \varphi}{\partial x}.$$

Nach Voraussetzung ist offenbar $M\,\frac{\partial \varphi}{\partial y} - N\,\frac{\partial \varphi}{\partial x} = 0$ und $\frac{\partial}{\partial x}(\mu\, N) = \frac{\partial}{\partial y}(\mu\, M)$.

Die linken Seiten sind also gleich. Sind das alle Multiplikatoren? Ja, wie in G. D. S. 14 gezeigt.

1) Für jede Diffgl.

$$\alpha x\,dy + \beta y\,dx + x^m y^n \cdot (ax\,dy + by\,dx) = 0$$

läßt sich ein integrierender Faktor finden. Weg zur Lösung: Man stelle die Multiplikatoren μ_1 von $\alpha x\,dy + \beta y\,dx = 0$ auf, ebenso die von $ax\,dy + by\,dx = 0$ (μ_2 genannt). Die auftretenden willkürlichen Funktionen lassen sich so bestimmen, daß $\mu_1 = x^{-m} \cdot y^{-n} \cdot \mu_2$ wird. Dieses μ_1 ist dann Multiplikator der gegebenen Gleichung. Ergebnis:

$$\mu = y^{\left(\frac{\alpha}{\beta} - 1\right)(\gamma + 1)} x^{\left(1 - \frac{\beta}{\alpha}\right)\gamma}$$

$$\text{mit } \gamma = \frac{\alpha(\alpha b - a\beta - nb\beta + ma\beta)}{(a\beta - b\alpha)(\beta - \alpha)}$$

2) Jacobische Differentialgleichung:

$$y' = \frac{y \cdot (a_1 x + b_1 y) - (a_3 x + b_3 y + c_3)}{x \cdot (a_1 x + b_1 y) - (a_2 x + b_2 y + c_2)}.$$

Symmetrischer geschrieben: $(a_1 x + b_1 y)(x\,dy - y\,dx) - (a_2 x + b_2 y + c_2)\,dy + (a_3 x + b_3 y + c_3)\,dx = 0$.

Durch eine Verschiebung $\overline{x} = x - x_0$, $\overline{y} = y - y_0$ versucht man die Koeffizienten homogen zu machen. Die Querstriche fortgelassen, ergibt sich bei Ordnung der Glieder nach dem Grade in x, y, dx, dy: $(a_1 x + b_1 y)(x\,dy - y\,dx) - dy\,(a_2 x + b_2 y - a_1 x_0 x - b_1 y_0 x - a_1 x x_0 - b_1 y x_0 + a_2 x_0 + b_2 y_0 + c_2 - a_1 x_0^2 - b_1 y_0 x_0) + dx \cdot (a_3 x + b_3 y - a_1 x_0 y - b_1 y_0 y - a_1 x y_0 - b_1 y y_0 + a_3 x_0 + b_3 y_0 + c_3 - a_1 x_0 y_0 - b_1 y_0^2) = 0$.

Es soll also sein:

$$a_2 x_0 + b_2 y_0 + c_2 - x_0 \cdot (a_1 x_0 + b_1 y_0) = 0$$
$$a_3 x_0 + b_3 y_0 + c_3 - y_0 \cdot (a_1 x_0 + b_1 y_0) = 0.$$

Das sind zwei Gleichungen für die Unbekannten x_0, y_0, beide quadratisch in x_0, y_0. Ein eleganter Lösungsweg geht so: Zur Abkürzung wird gesetzt $a_1 x_0 + b_1 y_0 = \lambda$.

Die beiden Gleichungen werden

$$(a_2 - \lambda) x_0 + b_2 y_0 + c_2 = 0$$
$$a_3 x_0 + (b_3 - \lambda) y_0 + c_3 = 0.$$

Dazu tritt als dritte $a_1 x_0 + b_1 y_0 - \lambda = 0$.

Das sind drei homogene Gleichungen mit der Lösung $x_0, y_0, 1$. Die Determinante muß also Null sein

$$\begin{vmatrix} a_2 - \lambda & b_2 & c_2 \\ a_3 & b_3 - \lambda & c_3 \\ a_1 & b_1 & -\lambda \end{vmatrix} = 0.$$

Das ist eine kubische Gleichung für λ. Seien a, b, c reell. Die Gleichung hat eine reelle Wurzel λ. Diese wählen wir. Aus zwei Gleichungen bestimmen sich dann x_0 und y_0, falls der Rang der aus den ersten beiden Kolonnen gebildeten Matrix 2 ist.

Nach Ausführung der Transformation ergibt sich (wenn A und B gewisse Konstante bedeuten)

$$(a_1 x + b_1 y)(x\,dy - y\,dx) - dy\,(A_2 x + B_2 y) + dx\,(A_3 x + B_3 y) = 0.$$

Division durch x und Einführung von $z = y : x$ liefert

$$(a_1 + b_1 z)\, x^2\, dz - (x\,dz + z\,dx) \cdot (A_2 + B_2 z) + dx\,(A_3 + B_3 z) = 0.$$

Das ist eine Bernoulligleichung für x als Funktion von z

$$\frac{dx}{dz}(A_3 + B_3 z - A_2 z - B_2 z^2) - x\,(A_2 + B_2 z) + x^2 (a_1 + b_1 z) = 0,$$

woraus sich auf bekannte Art (G. D. S. 19) das allgemeine Integral ergibt.

2/1) Es ist die Bedingung für die Funktion f zu finden, damit das allgemeine Integral von $y' = f(x, y)$ eine Schar von Parallelkurven ist. Die Differentialgleichung läßt sich dann durch eine Quadratur integrieren.

2/2) Zum Begriff der homogenen Funktionen: Wenn für eine nicht identisch verschwindende Funktion F die Identität besteht

$$F(xt, yt) = F(x, y) \cdot \varphi(t),$$

so ist $\varphi(t)$ eine Potenz von t, etwa $t^a \cdot F$ heißt dann homogen vom Grade a. Von φ braucht man nur anzunehmen, daß es nicht allzu unstetig ist. Kürzer wird der Beweis, wenn man eine Ableitung φ' zuläßt und F ebenfalls differenzierbar ist. —

(Gilt für $F(x,y)$ die Eulersche Identität $F_x \cdot x + F_y \cdot y = a \cdot F$, so ist F homogen vom Grade a).

2/3) Damit $dy - f(x,y)\,dx = 0$ einen Multiplikator $\mu(x)$ besitzt, ist notwendig und hinreichend, daß f linear in y ist.

2/4) Für die Trennbarkeit der Variablen ist das Bestehen der Relation $f_x \cdot f_y = f \cdot f_{xy}$ notwendig und hinreichend.

2/5) Wo liegen die Wendepunkte der Integralkurven von $y' = f(x,y)$?

2/6) Ist $M(x,y)\,dx + N(x,y)\,dy = 0$ eine homogene Diffgl., so ist $1:(M \cdot x + N \cdot y)$ ein Multiplikator, falls der Nenner nicht identisch Null ist. Umgekehrt: ist dieser Quotient ein Multiplikator, so ist $M:N$ eine homogene Funktion vom Grade 0.

2/7) $\big(y\,(x^2 + y^2) - xy\big)\,dx + x^2\,dy = 0.$

Lösungen.

2/1) Es gibt einen Richtungsfaktor m, so daß für die Punkte einer Geraden dieser Richtung y' denselben Wert hat:

$$f(x,y) = f(x+t, y+m\,t) \quad \text{oder} \quad f_x + f_y \cdot m = 0.$$

Für $m = \infty : f_y = 0$. Durch eine Drehung des Koordinatensystems läßt sich $m = \infty$ erreichen. $y' = F(x)$ erfordert nur eine Quadratur.

2/2) $F_x(xt, yt) \cdot x + F_y(xt, yt) \cdot y = F(x,y) \cdot \varphi'(t)$.

$$F_x(xt, yt)\ \ t = F_x(x,y) \cdot \varphi(t);\ F_y(xt, yt)\ \ t = F_y(x,y) \cdot \varphi(t).$$

$$\varphi(t) \cdot (F_x(x,y) \cdot x + F_y(x,y) \cdot y) = F(x,y) \cdot t \cdot \varphi'(t).$$

Da die Klammer von t unabhängig ist, so folgt $\dfrac{t \cdot \varphi'(t)}{\varphi(t)} = a$

$\varphi(t) = c \cdot t^a$; $c = 1$, da wegen $F(x,y) = F(x,y)\,\varphi(1)$ sich $\varphi(1) = 1$ ergibt. $F(x,y)$ ist also eine homogene Funktion vom Grade a. Es ist ferner $F_x \cdot x + F_y \cdot y = a \cdot F$ (Eulersche Gleichung).

2. Beweis: $\varphi(1) = 1$. $F(xt_1t_2, yt_1t_2) = F(x,y) \cdot \varphi(t_1t_2)$

$$F(xt_1t_2, yt_1t_2) = F(xt_1, yt_1) \cdot \varphi(t_2) = F(x,y) \cdot \varphi(t_1) \cdot \varphi(t_2).$$

Also: $\varphi(t_1) \cdot \varphi(t_2) = \varphi(t_1t_2)$; $\log \varphi(t) = \psi(\tau)$; $\log t = \tau$.

$$\psi(\tau_1) + \psi(\tau_2) = \psi(\tau_1 + \tau_2).$$

Außer $\psi(x) = a \cdot x$ kann es keine Lösung geben, wenn man nur z. B. Beschränktheit in irgend einem Intervall verlangt. Daraus folgt

$$\varphi(t) = t^a.$$

2/3) Es muß (G. D. S. 12) $\mu'(x) = -\mu(x) \cdot f_y(x, y)$ sein. Das heißt f_y unabhängig von y.

2/4) Ist $f(x, y) = \varphi(x) \cdot \psi(y)$, so ist $f_x \cdot f_y = \varphi'(x) \cdot \psi'(y)$ $\varphi(x) \cdot \psi(y)$ und $f_{xy} = \varphi'(x) \cdot \psi'(y)$, also $f_x \cdot f_y = f_{xy} \cdot f$. Umgekehrt folgt hieraus: $f_x : f = (f_y)_x : f_y$, also $\log (f_y : f) = \psi_1(y)$; $f_y : f = \psi_2(y)$; $\log f = \psi_3(y) + \varphi_1(x)$; $f = \psi(y)\, \varphi(x) \cdot$

2/5) $y'' = f_x + f_y \cdot y' = f_x + f_y \cdot f = \varphi(x, y)$. Der geometrische Ort ist in $\varphi(x, y) = 0$ enthalten.

2/6) M und N seien homogen vom Grade a. $Mx + Ny \not\equiv 0$.

Behauptung: $\frac{\partial}{\partial y}\left(\frac{M}{M x + N y}\right) = \frac{\partial}{\partial x}\left(\frac{N}{Mx + Ny}\right)$.

Die Differentiation führt zu $N \cdot (x M_x + y M_y) = M \cdot (x N_x + y N_y)$; bei Beachtung der Eulerschen Identität (Aufgabe 2/3) sind beide Seiten $= a M N$. Ist umgekehrt $1 : (Mx + Ny)$ Multiplikator, so folgt also die Gleichung

$$(N \cdot M_x - M \cdot N_x) : (N \cdot M_y - M \cdot N_y) = -y : x;$$

$$\frac{\partial}{\partial x}\left(\frac{M}{N}\right) : \frac{\partial}{\partial y}\left(\frac{M}{N}\right) = -y : x \,;\, x \cdot \frac{\partial}{\partial x}\left(\frac{M}{N}\right) + y \cdot \frac{\partial}{\partial y}\left(\frac{M}{N}\right) = 0.$$

Also ist $M : N$ homogen vom Grade 0, d. h. eine Funktion von $\frac{y}{x}$.

2/7) Die Gleichung ist weder exakt noch homogen. y ist Faktor im ersten Koeffizienten. Die Gestalt $y(x^2 + y^2 - x)dx + x^2\, dy = 0$ legt Multiplikation mit y und Einführung von $z = y^2$ nahe.

$$z \cdot (x^2 + z - x) \cdot dx + \frac{x^2}{2} \cdot dz = 0.$$

Das ist eine Bernoullische Gleichung für $z = z(x)$.

§ 3. Die allgemeine Differentialgleichung erster Ordnung.

1) $$3y p^3 - 5p^2 + 7y - 3 = 0.$$

Eine Variable fehlt. Auflösung nach y ist zweckmäßig.

$$y = \frac{3 + 5p^2}{7 + 3p^3} = f(p);\quad p = f'(p)\,\frac{dp}{dx}$$

$$x = \int \frac{f'(p)}{p}\, dp + c = \varphi(p) + c$$

$\{y = f(p);\ x = \varphi(p) + c\}$ ist das allgemeine Integral in Parameterform.

2) $$y^2(1+p^2)=1.$$

Hier ist es gleichgültig, ob man nach y oder p auflöst.

$$p^2=\frac{1}{y^2}-1;\quad p=\pm\frac{1}{y}\cdot\sqrt{1-y^2};\quad \pm\frac{y\cdot dy}{\sqrt{1-y^2}}=dx;$$

$$x=\pm\int\frac{y\,dy}{\sqrt{1-y^2}}+C=\mp\sqrt{1-y^2}+c.\quad (x-c)^2+y^2=1.$$

3) $$y^2\cdot(1+p^2)=G(x+y\,p).$$

Um das Argument von G zu vereinfachen, wird man $2\,z=x^2+y^2$ als unbekannte Funktion an Stelle von y wählen; $x+y\cdot p$ ist die Ableitung z'. Alsdann ist

$$2z-x^2+(z'-x)^2=G(z');\ z'^2-2z'x+2z=G(z').$$

Diese Gleichung ist linear in x und z. (Lagrangesche Gleichung.) Schreiben wir p und y an Stelle von z' und z.

$$2\,(y-px)=G(p)-p^2;$$

es ist sogar eine Clairautsche Gleichung.

$$2\,(y-c\,x)=G(c)-c^2$$

ist das allgemeine Integral.

$$\{2x=2p-G'(p);\ 2y=p^2-p\cdot G'(p)+G(p)\}:$$

Singuläres Integral. In ursprünglicher Bezeichnung ist x^2+y^2 an Stelle von $2y$ zu schreiben.

4) $$y-x\,p^2=p^2\,e^p.$$

Die Gleichung ist linear in x und y. Differenziert:

$$p-2px\cdot\frac{dp}{dx}-p^2=(2p\cdot e^p+p^2\cdot e^p)\cdot\frac{dp}{dx}$$

$$\frac{dp}{dx}\left(x\,2p+e^p\,(p^2+2p)\right)=p-p^2;\quad \frac{dx}{dp}=\frac{2x}{1-p}+e^p\cdot\frac{p+2}{1-p}.$$

Die lineare Differentialgleichung ergibt

$$x=(1-p)^{-2}\cdot\left(\int(1-p)\,e^p\,(2+p)\,dp+c\right).$$

Die Quadratur läßt sich durch partielle Integration erledigen.

$$\int e^p\cdot p\,dp=e^p\cdot p-\int e^p\cdot 1\,dp=e^p\cdot(p-1);$$

$$\int e^p\cdot p^2\cdot dp=e^p\cdot p^2-2\cdot\int e^p\cdot p\,dp=e^p\cdot(p^2-2p+2).$$

$$x = (1 - p)^{-2}\,[c + e^p\,(1 + p - p^2)] = \varphi(p, c)$$

$y = \varphi(p, c) \cdot p^2 + p^2 \cdot e^p = \psi(p, c)$. Parameterdarstellung des allgemeinen Integrals.

5) $\qquad (ax + b) \cdot p^2 - (\alpha x + \beta y) \cdot p + y = 0.$

Die Gleichung ist linear in x und y.

$$y \cdot (1 - \beta p) + x \cdot (ap^2 - \alpha p) + bp^2 = 0.$$

Man dividiert durch $(1 - \beta p)$, differenziert nach p und erhält, da $\frac{1}{p}\frac{dy}{dp} = \frac{dx}{dp}$ ist, die folgende lineare inhomogene Diffgl. für $x(p)$:

$$\begin{aligned}\frac{dx}{dp} = x \cdot & \frac{2ap - \alpha}{p \cdot \big((\beta - a)\,p + \alpha - 1\big)} \\ & + x \cdot \frac{\beta \cdot (ap - \alpha)}{(1 - \beta p) \cdot \big((\beta - a)\,p + \alpha - 1\big)} \\ & + \frac{b\beta p}{(1 - \beta p)\big((\beta - \alpha)\,p + \alpha - 1\big)} \\ & + \frac{2b}{(\beta - a)\,p + \alpha - 1}.\end{aligned}$$

Die zugehörige homogene lineare Gleichung ist für $\alpha \neq 1$, $\beta \neq a$:

$$\frac{du}{dp} = u \cdot \left(\frac{\varkappa_1}{p} + \frac{\varkappa_2}{(\beta - a)\,p + \alpha - 1} + \frac{\varkappa_3}{1 - \beta p}\right); \; \varkappa_1 = \frac{\alpha}{1 - \alpha};$$

$$\varkappa_2 = 2a - \beta - \frac{\alpha \cdot (\beta - a)}{1 - \alpha}; \quad \varkappa_3 = -\beta.$$

$$u = p^{\varkappa_1} \cdot \big((\beta - a) \cdot p + \alpha - 1\big)^{\frac{\varkappa_2}{\beta - a}} \cdot (1 - \beta p).$$

Für $\alpha = 1$, $\beta \neq a$:

$$|\,u\,|^{\beta - a} = e^{\frac{1}{p}}\, p^{\varkappa_3}\, (1 - \beta p)^{-\frac{\varkappa_4}{\beta}},$$

für $\alpha = 1$, $\beta = a$: Clairautscher Typ.

Für $\alpha \neq 1$, $\beta = a$:

$$|u|^{\alpha-1} = e^{\gamma p}\,|p|^{-\alpha}\,|1-\beta p|^{-\frac{\varkappa_8}{\beta}}$$

Man findet jetzt $x = u \cdot \int u^{-1} \cdot \left(\frac{b\beta p}{(1-\beta p)((\beta - a)p + \alpha - 1)} \right.$

$$\left. + \frac{2b}{(\beta - a)p + \alpha - 1} \right) dp + c \cdot u.$$

Singuläre Lösungen sind die durch Division eventuell verlorengegangenen Lösungen. In Frage kommt:

$$p = 0;\ (\beta - a)p + \alpha - 1 = 0;\ 1 - \beta p = 0.$$

$p = 0$ ergibt aus der Diffgl. $y = 0$.

$(\beta - a)p + \alpha - 1 = 0$ ergibt ebenfalls eine Gerade.

Ist $1 - \beta p = 0$, so fehlt in der Diffgl. y. Einfaches allgemeines Integral.

6) Riccatische Differentialgleichung:

$$y'(x) + P(x) \cdot y^2 + Q(x) \cdot y + R(x) = 0.$$

Im allgemeinen ist eine solche Gleichung nicht durch Quadraturen zu integrieren. Kennt man aber irgend eine partikuläre Lösung y_1, so ist das allgemeine Integral durch Quadraturen zu finden.

Wir setzen $y = y_1 + z$ und erhalten $y_1' + z' + P \cdot y_1^2 + 2P \cdot y_1 z + P \cdot z^2 + Q \cdot y_1 + Q \cdot z + R = 0$.

$$z' + (2P \cdot y_1 + Q) \cdot z + P \cdot z^2 = 0.$$

Das ist eine Bernoullische Gleichung für z, womit die Behauptung erwiesen ist. z^{-1} genügt einer linearen Diffgl.

Deren allgemeines Integral sei $z^{-1} = U(x) + c \cdot u(x)$. Das allgemeine Integral der Riccatischen Gleichung hat dann die Gestalt

$$y = y_1 + \frac{1}{cu + U} = \frac{c \cdot v(x) + V(x)}{c \cdot u(x) + U(x)}.$$

Das allgemeine Integral einer Riccatischen Diffgl. ist also eine lineare rationale Funktion der Integrationskonstanten.

Es liegt nahe (analog zu einer algebraischen Gleichung) eine einfache Form zu finden, auf die sich jede Riccatische Gleichung durch Transformation zurückführen läßt. Wir werden zeigen, daß immer $P \equiv 1$, $Q \equiv 0$ angenommen werden kann. Um $P = 1$ zu erhalten, werden wir dafür sorgen, daß y' denselben Koeffizienten wie y^2 erhält. Wir setzen

$$y = u \cdot \bar{y}\,;\; u \cdot \bar{y}' + P \cdot u^2 \cdot \bar{y}^2 + (Qu + u') \cdot \bar{y} + R = 0.$$

Für $u = 1 : P$ erhalten wir nach Multiplikation mit P

$$\bar{y}' + \bar{y}^2 + \left(Q - \frac{P'}{P}\right) \cdot \bar{y} + R \cdot P = 0.$$

$$\bar{y}' + \left(\bar{y} + \frac{1}{2} \cdot \left(Q - \frac{P'}{P}\right)\right)^2 - \frac{1}{4} \cdot \left(Q - \frac{P'}{P}\right)^2 + R \cdot P = 0$$

$$z = \bar{y} + \frac{1}{2} \cdot \left(Q - \frac{P'}{P}\right).$$

$$z' + z^2 + R \cdot P - \frac{1}{4} \cdot \left(Q - \frac{P'}{P}\right)^2 - \frac{1}{2} \cdot \left(Q - \frac{P'}{P}\right)' = 0.$$

Damit haben wir die behauptete Standardform erhalten

$$z' + z^2 + S(x) = 0.$$

Sind die Nullstellen von P, die ja bei der vorausstehenden Umformung stören, sehr unangenehm, so beachte man, daß für $y_1 = y^{-1}$ die Riccatische Gleichung übergeht in $y_1' - R \cdot y_1^2 - Q \cdot y_1 - P = 0$, für die man dann die obenstehende Umformung ausführt. $-R$ tritt an Stelle von P.

3/1) Kennt man zwei partikuläre Lösungen y_1, y_2 der Riccatischen Gleichung, so ist das allgemeine Integral durch eine einzige Quadratur gegeben.

$$\frac{y - y_1}{y - y_2} \cdot e^{\int P \cdot (y_1 - y_2)\, dx} = c.$$

3/2) Kennt man drei partikuläre Integrale, so ist das allgemeine Integral ohne Quadratur gegeben:

$$\frac{y - y_2}{y - y_3} : \frac{y_1 - y_2}{y_1 - y_3} = c.$$

Daraus läßt sich unmittelbar ablesen: Das harmonische Verhältnis von irgend vier Lösungen ist konstant.

Invarianz der Riccatischen Gleichung:

3/3) Eine Riccati-Gleichung geht bei der Transformation

$$y = \frac{a(x)\cdot\eta + b(x)}{\alpha(x)\cdot\eta + \beta(x)}, \quad x = w(\xi)$$

in eine Riccatische über.

Lösungen.

3/1) und 3/2) $\nu = 1, 2.$ $z_\nu = y - y_\nu$. Es ist

$$z_\nu' + (2P\cdot y_\nu + Q)\, z_\nu + P\cdot z_\nu^2 = 0.$$

Daraus: $z_2 z_1' - z_1 z_2' + 2P\cdot(y_1 - y_2)\cdot z_1 z_2 + P\cdot z_1 z_2\cdot(z_1 - z_2) = 0.$

Wegen $z_1 - z_2 = y_2 - y_1$ folgt $\left(\frac{z_1}{z_2}\right)' + P\cdot\left(\frac{z_1}{z_2}\right)\cdot(y_1 - y_2) = 0,$ woraus sich unmittelbar die Behauptung ergibt, die sofort zur Lösung von 3/2) führt.

3/3)

$$y' = \frac{(\alpha\eta + \beta)\,(a'\eta + b' + a\cdot\eta') - (a\eta + b)(\alpha\eta' + \beta + \alpha'\eta)}{(\alpha(x)\cdot\eta + \beta(x))^2} = \frac{Z_1}{N^2};$$

$$y = \frac{Z}{N}. \qquad \eta' = \frac{d\eta}{d\xi}\,\frac{d\xi}{dx} = \frac{d\eta}{d\xi}\cdot\frac{1}{w'(\xi)}.$$

Aus der alten Riccatischen Gleichung wird $Z_1 + P\cdot Z^2 + Q\cdot ZN + R\cdot N^2 = 0.$

Z_1 ist linear in η', quadratisch in η; Z und N linear in η. Daraus wird ersichtlich, daß die neue Differentialgleichung wieder eine Riccati'sche ist.

§ 4. Singuläre Lösungen.

Sei $F(x, y, p) = 0$ die gegebene Differentialgleichung. Das durch die beiden Gleichungen $F = F_p = 0$ definierte Kurvengebilde wird p-Diskriminante genannt. Damit eine zu diesem Gebilde gehörige Kurve eine (singuläre) Lösung darstellt, muß die Gleichung $F_x + F_y\cdot p = 0$ ebenfalls gelten, wobei noch gleichzeitiges Verschwinden von F_x und F_y ausgeschlossen wird. Was stellt nun für $F_x + F_y\cdot p \neq 0$ die p-Diskriminante dar? Es wird sich zeigen, daß sie dann im allgemeinen Ort der Spitzen der Integralkurven ist. Vorausgesetzt wird dabei, daß F und ebenso F_p als Funktion dreier Veränderlicher bei Entwicklung in eine Taylorreihe stets ein Restglied haben, das von höherer Ordnung klein ist als die entwickelten Glieder. Sei x_0, y_0, p_0 ein Element, für das $F = F_p = 0$ ist. Dann läßt sich schreiben

$$F = F_x^0 \cdot (x - x_0) + F_y^0 \cdot (y - y_0) + \left(\frac{\partial^\varkappa F}{\partial p^\varkappa}\right)^0 \cdot \frac{1}{\varkappa!} \cdot (p - p_0)^\varkappa + \cdots,$$

wenn angenommen wird, daß F als Funktion von p in x_0, y_0, p_0 von der $\varkappa$ten Ordnung klein wird. F^0 bedeutet dabei $F(x_0, y_0, p_0)$. Längs einer mit $p = p_0$ durch x_0, y_0, gehenden I Kurve ist $y - y_0 = (x - x_0) \cdot p_0 + R(x)$, und es ist $\frac{dR}{dx} = p - p_0$, also ist $\lim\limits_{x \to x_0} R : (x - x_0) = 0$. Mithin ist längs der I Kurve

$$0 = F = (F_x^0 + p_0 \cdot F_y^0)(x - x_0) + F_y^0 \cdot R + \left(\frac{\partial^\varkappa F}{\partial p^\varkappa}\right)^0 \cdot \frac{1}{\varkappa!} \cdot (p - p_0)^\varkappa + \cdots.$$

Ist nun $F_y^0 + p_0 \cdot F_x^0 \neq 0$, so muß, weil R und das nicht hingeschriebene Restglied von höherer als erster Ordnung klein sind, die Größe $(p - p_0)^\varkappa$ klein von der ersten Ordnung in $(x - x_0)$ sein.

$$(p - p_0)^\varkappa = (x - x_0)\bigl(a + r(x)\bigr) \text{ mit } a \neq 0, \quad r(x) \to 0 \text{ für } x \to x_0$$

$$p - p_0 = (x - x_0)^{\frac{1}{\varkappa}} (a' + r_1(x))$$

und nach Integration:

$$y - y_0 = (x - x_0) p_0 + (x - x_0)^{1 + \frac{1}{\varkappa}} (a_1 + r_2(x)), \quad a_1 \neq 0.$$

Für den gewöhnlichen Fall $\varkappa = 2$ zeigt sich also: die Integralkurve hat eine Spitze in x_0, y_0. Wie geht die p-Diskriminante durch diese Spitze? Es ist $F = F_x^0 \cdot (x - x_0) + F_y^0 \cdot (y - y_0)$

$$+\frac{p-p_0}{2!}\cdot\left(\left(\frac{\partial^2 F}{\partial x\partial p}\right)^0\cdot(x-x_0)+\left(\frac{\partial^2 F}{\partial y\partial p}\right)^0(y-y_0)\right)+\cdots;$$

der Rest ist von mindestens zweiter Ordnung, entweder in $(x-x_0)$ oder $(y-y_0)$ oder $(p-p_0)$. Man sieht daraus bereits, daß die p-Diskriminante in erster Annäherung durch die Gerade

$$F_x^0\cdot(x-x_0)+F_y^0\cdot(y-y_0)=0$$

gegeben ist. Für $F_x^0+F_y^0\cdot p_0 \neq 0$ hat also die p-Diskriminante eine von der Integralkurve verschiedene Tangente. Für $\varkappa > 2$ gilt eine ähnliche Betrachtung. Das Wort „Spitze" muß dann durch „mehrfacher Punkt mit gemeinsamer Tangente" ersetzt werden. Geometrisch kann das natürlich von dem Bilde der Spitze abweichen. Zu achten ist übrigens noch auf die Punkte der Integralkurve, wo $p=\infty$ wird. Man transformiert $\bar{y}=x$, $\bar{x}=y$. Es wird $\bar{p}=p^{-1}$; man bildet die $\bar{p}$-Diskriminante und rechnet sie für gewöhnlich zur p-Diskriminante der nichttransformierten Gleichung.

1. Beispiel: $x^2\cdot p^2-y^2=0;\ p=\pm\frac{y}{x};\ \frac{dy}{y}=\pm\frac{dx}{x};$

$$x\cdot y=c \quad\text{und}\quad \frac{y}{x}=c.$$

Geraden durch Nullpunkt und Hyperbeln. $F=x^2p^2-y^2=0$, $F_p=2\,p\,x^2=0$ führt zu $y=0$. Das ist eine singuläre Lösung. Aber auch $x=0$ ist eine singuläre Lösung, wie aus der Symmetrie ersichtlich ist. Schreibt man $\bar{x}^2-\bar{p}^2\cdot\bar{y}^2=0$, so ist $\bar{y}=x=0$ in der $\bar{p}$-Diskriminante enthalten. Weder $x=0$ noch $y=0$ ist Einhüllende; beide Kurven sind vielmehr zweifach als Lösung zu zählen. $(xp+y=0;\ xp-y=0)$.

2. Beispiel. $F=p^3-4xyp+8y^2=0;$ $F_p=3p^2-4xy=0$.

$$p^2=\frac{4}{3}xy \text{ gibt in } F=0: 2\cdot\sqrt{\frac{xy}{3}}\cdot\left(\frac{4xy}{3}-4xy\right)+8y^2=0.$$

$y^{\frac{3}{2}} \cdot (3 \cdot \sqrt{3y} - 2x\sqrt{x}) = 0$. $y = 0$ ist eine singuläre Lösung, da $F_x^0 + F_y^0 \cdot p_0$ an der Stelle x beliebig, $y_0 = 0$, $p_0 = 0$ null ist. $27\,y = 4\,x^3$ ist ebenfalls eine Lösung. Das allgemeine Integral der Gleichung — wir zeigen sogleich, wie man es findet — ist $y = c \cdot (x - c)^2$. Die c-Diskriminante einer Kurvenschar $\Phi(x, y, c) = 0$ ist die Gesamtheit der Punkte $\Phi = \Phi_c = 0$. In unserem Falle $(x - c)^2 - 2c \cdot (x - c) = 0$, $c \cdot (x - c)^2 - y = 0$.

Für $x - c = 0$ folgt $y = 0$, die schon oben erhaltene singuläre Lösung. Aus $x - 3c = 0$ ergibt sich $27y = 4x^3$, die andere singuläre Lösung. Daß sie Lösungen sind, ist gemäß G. D. S. 35 sicher (weder $\Phi_x = \Phi_y$ noch $\frac{\partial^2 \Phi}{\partial c^2}$ ist null).

Wie integriert man die Gleichung $p^3 - 4xy \cdot p + 8y^2 = 0$? Die Gestalt der Gleichung läßt die Möglichkeit offen, durch Multiplikation mit einer Potenz von y eine Vereinfachung zu erzielen. Mit y^α multipliziert, ergibt sich $p^3 y^\alpha - 4xp \cdot y^{\alpha+1} + 8y^{\alpha+2} = 0$. $(\alpha + 2) \cdot p \cdot y^{\alpha+1}$ ist Ableitung von $y^{\alpha+2}$. Soll die Substitution $z = y^{\alpha+2}$ eine Vereinfachung bringen, so wird $p^3 y^\alpha = z'^3$ sein müssen (bis auf einen konstanten Faktor). Das heißt $3\alpha + 3 = \alpha$, $\alpha = -3/2$. Die ursprüngliche Gleichung nimmt nach Multiplikation mit $y^{-\frac{3}{2}}$ und Substitution $z = y^{2-\frac{3}{2}} = \sqrt{y}$ die Gestalt an $z'^3 \cdot 8 - 8x \cdot z' + 8z = 0$; die Gleichung ist linear in z und x. (Clairaut) $z - xz' + z'^3 = 0$.

Das übliche Verfahren führt zu dem angegebenen allgemeinen Integral.

3. Beispiel. $F = p^3 - 3y^2 = 0$; $F_p = 3p^2 = 0$, $p = 0$. p-Diskriminante: $y = 0$; längs dieser Kurve ist $F_x + F_y \cdot p = 0$. $y = 0$ ist eine singuläre Lösung. Allgemeines Integral:

$$\frac{p^3}{y^2} = \left(\frac{d}{dx}\left(3y^{\frac{1}{3}}\right)\right)^3 = 3;\; 3y^{\frac{1}{3}} = \sqrt[3]{3}\,(x + c)$$

$$9y = (x + c)^3;$$

$y = 0$ ist im allgemeinen Integral nicht enthalten. Man zeichne das Kurvenbild. – c-Diskriminante: aus $\Phi = (x + c)^3 - 9y = 0$, $\Phi_c = 3 \cdot (x + c)^2 = 0$ folgt $y = 0$.

4. Beispiel. $F = (6\,y^2 - 14\,y + 6)^4 \cdot p^4 - 256\,y\,(y - 1)^2 \cdot (2 - y)^3 = 0$.

Es fehlt x. Als allgemeines Integral ergibt sich: $\Phi \equiv (x + c)^4 - y^3\,(y - 1)^2\,(2 - y) = 0$. p-Diskriminante:

$$F_p = 4\,p^3 \cdot (6y^2 - 14y + 6)^4 = 0; \quad F = 0.$$

Aus $p = 0$ folgt: Die Geraden $y = 0$, $y = 1$, $y = 2$ gehören zur p-Diskriminante. Sie sind auch Lösungen, wie man aus $F = 0$ erkennt. Im allgemeinen Integral sind sie nicht enthalten. Es ist für sie $F_x + F_y \cdot p = 0$ erfüllt. $6y^2 - 14y + 6 = 0$ erfüllt nicht $F = 0$. Man kann diese beiden Geraden aber zur p-Diskriminante rechnen; sie gehören nämlich zur q-Diskriminante der Gleichung $F_1(x, y, q) = q^4 \cdot F(x, y, q^{-1})$. – c-Diskriminante:

$$\Phi_c = 4 \cdot (x - c)^3 = 0, \quad \Phi = 0.$$

Es ergibt sich $y = 0$, $y = 1$, $y = 2$, also dieselben Geraden wie vorher; freilich in anderer Vielfachheit. Wie sieht das allgemeine Integral aus? Die Integralkurven sind geschlossene Ovale, die in $0 \leqq y \leqq 1$ oder $1 \leqq y \leqq 2$ liegen und diese Geraden berühren. Die Geraden $y = 0$, $y = 1$, $y = 2$ sind Einhüllende. Die beiden Geraden $6y^2 - 14y + 6 = 0$ sind Punkte, in denen sich zwei verschiedene Integralkurven berühren. Sie sind keine Lösungen, da der Pfeil des Richtungsfeldes ($p = \infty$) senkrecht zu ihnen steht. Diese Beispiele zeigen schon, wie mannigfaltig die geometrischen Beziehungen zwischen allgemeinem Integral, p- und c-Diskriminante sind, wie mannigfach damit auch die Beziehungen zwischen allgemeinem und singulärem Integral.

Auf eine Tatsache sei noch vor allem hingewiesen. Neben dem allgemeinen Integral $\Phi(x, y, c) = 0$ einer Differentialgleichung $F(x, y, p) = 0$ und den singulären Integralen

(p-Diskriminante) kann es noch eine kontinuierliche Schar anderer Integrale geben, die sich stückweise aus Kurvenstücken des allgemeinen Integrals und singulärer Integrale zusammensetzen. In der Tat nehmen wir an, daß es eine singuläre Lösung gibt, die Einhüllende einer Lösungsschar ist. Wir verfolgen eine spezielle Kurve der Lösungsschar bis zu ihrem Berührungspunkt P^* der Enveloppe, gehen diese Enveloppe ein Stück lang, etwa bis P^{**} und wandern nunmehr wieder die spezielle Kurve der Lösungsschar weiter, die in P^{**} die Enveloppe berührt. Die so beschriebene Kurve ist offenbar eine Lösung der Differentialgleichung; denn sie besitzt überall eine stetige Tangente, die in das Richtungsfeld paßt. Besonders anschaulich wird diese Tatsache im Falle der Clairautschen Gleichung.

Aufgaben.

Man stelle die zugehörige Differentialgleichung auf und diskutiere p- und c-Diskriminante.

4/1 u. 2) $2c \cdot (y - 2cx^2) - 1 = 0$; $(y + c)^2 = x^2 - x^3$.

4/3) Wie findet man die c-Diskriminante, wenn das allgemeine Integral in Parameterform $x = x(t, c)$, $y = y(t, c)$ gegeben ist?

4/4) $(2x - p)^2 + x(y - x^2)^2 (2x - p) + (y - x^2)^3 = 0$
Man integriere und diskutiere p- und c-Diskriminante.

4/5)
$$y - x^3 y^2 - x - p^2 (1 - 2x^3 y)^2 + 6x^2 y^2 p$$
$$\cdot (1 - 2x^3 y) - 9x^4 y^4 + \frac{2}{3} p^3 (1 - 2x^3 y)^3$$
$$- 6p^2 (1 - 2x^3 y)^2 x^2 y^2 + 18x^4 y^4 (1 - 2x^3 y) p$$
$$- 18x^6 y^6 = 0.$$

Lösungen.

4/1) Durch Elimination von c aus $\Phi = 0$ und $\Phi_x + \Phi_y \cdot p = 0$ ergibt sich $F \equiv xp^2 - 2yp + 4x = 0$. Es ist $F_p = 2xp - 2y = 0$.

p-Diskriminante: $x\left(\frac{y}{x}\right)^2 - 2y\cdot\frac{y}{x} + 4x = -\frac{y^2}{x} + 4x = 0.$
Geradenpaar $4x^2 - y^2 = 0$. Ferner $x = 0$ zur p-Diskriminante ($p = \infty$).
c-Diskriminante: $\Phi_c = 2\cdot(y - 2cx^2) - 4x^2c = 2y - 8x^2\cdot c = 0$ ergibt $c = \frac{y}{4x^2}$. Aus $\Phi = 0$ wird $\frac{y}{2x^2}\cdot\left(y - \frac{y}{2}\right) - 1 = \frac{y^2}{4x^2} - 1 = 0$; $x = 0$ gehört auch zur c-Diskriminante, wenn man $c = \infty$ zuläßt. Alle drei Geraden $x = 0$, $y = \pm 2x$ sind singuläre Lösungen. Für $y = \pm 2x$ ist auch in der Tat $F_x + F_y\cdot p = 4 - p^2 = 0$. Das allgemeine Integral sind Parabeln, die bei wachsendem positivem c immer näher an die positive y-Achse rücken, während ihr Scheitel auf dieser Achse immer näher an den Nullpunkt rückt. Die Geraden $y = \pm 2x$ sind Einhüllende dieser Schar, zu der man sie aber auch hinzurechnen kann ($c = 0$).

4/2) Durch Elimination von c aus $\Phi = 0$ und $\Phi_x + \Phi_y\cdot p = 0$ ergibt sich

$$F \equiv 4p^2\cdot(x-1) + (3x-2)^2 = 0.\quad F_p = 8p\cdot(x-1) = 0.$$

$p = 0$ führt zu $x = 2/3$; das ist keine Lösung. $x - 1 = 0$ ist Enveloppe der Lösungsschar. $\Phi_c = 2(y + c) = 0$ führt zu $x^3 - x^2 = 0$, d. h. zu $x = 0$ und $x = 1$. Nicht kommt hier vor $x = \frac{2}{3}$; auf $x = \frac{2}{3}$ berühren sich immer je zwei Integralkurven. $x = 0$ ist Ort von Knotenpunkten. (In $F = 0$ keine Besonderheit.)

4/3) $x = \varphi(t, c)$, $y = \psi(t, c)$ sei das allgemeine Integral. Eine nicht parametrige Darstellung des Integrals ergibt sich so: Es sollen nicht beide Ableitungen $\frac{dx}{dt}$, $\frac{dy}{dt}$ Null sein, etwa $\frac{dx}{dt} \neq 0$. Dann läßt sich $t = \chi(x, c)$ schreiben und

$$\Phi(x, y, c) \equiv y - \psi(\chi(x, c), c) = 0$$

ist das allgemeine Integral. Die c-Diskriminante ist zu finden.

$$-\Phi_c = \frac{\partial\chi}{\partial c}\cdot\psi_t + \psi_c = \psi_t\cdot\left(-\frac{\varphi_c}{\varphi_t}\right) + \psi_c = \frac{1}{\varphi_t}\cdot\begin{vmatrix}\varphi_t & \psi_t\\ \varphi_c & \psi_c\end{vmatrix} = 0.$$

φ_t war von Null verschieden. Also $\Phi_c = 0$ ist äquivalent mit $\Delta = \begin{vmatrix}\varphi_t & \psi_t\\ \varphi_c & \psi_c\end{vmatrix} = 0$. Die c-Diskriminante ergibt sich somit durch Elimination von c aus den drei Gleichungen $\Delta = 0$, $x = \varphi(t, c)$, $y = \psi(t, c)$ etwa auf folgende Weise: Ist $\Delta_c \neq 0$, so läßt sich aus $\Delta = 0$ gewinnen $c = c(t)$.

$x = \varphi(t, c(t))$, $y = \psi(t, c(t))$ ist die c-Diskriminante.

4/4) Offenbar vereinfacht die Substitution $u = y - x^2$;

$$u'^2 - x \cdot u^2 \cdot u' + u^3 = 0.$$

Die Gleichung ist linear in x. Sie wäre von Lagrangeschem Typ, wenn sie auch linear in der gesuchten Funktion wäre. Das erreichen wir bei Division durch u^4, indem wir $v = u^{-1}$ setzen.

$$v + v' \cdot x + v'^2 = 0.$$

Nach der bekannten Methode ergibt sich das allgemeine Integral

$$3x = -2p + c\,p^{-\frac{1}{2}};\quad 3v = -p^2 - c\sqrt{p}.$$

In alter Schreibweise

$$9y = \left(-2p + c\,p^{-\frac{1}{2}}\right)^2 - 27(p^2 + c\sqrt{p})^{-1};$$

$$3x = -2p + c\,p^{-\frac{1}{2}}.$$

Die p-Diskriminante

$$F_p = -2(2x - p) - x(y - x^2)^2 = 0;\ 2x - p = -\frac{x \cdot (y - x^2)^2}{2}.$$

Aus $F = 0$ wird

$$x^2(y - x^2)^4 - 2x^2(y - x^2)^4 + 4(y - x^2)^3 = 0,\ \text{d. h. } y - x^2 = 0$$

und
$$4 - x^2(y - x^2) = 0;\quad y = \frac{4}{x^2} + x^2.$$

Die c-Diskriminante erhält man so:

$$3x(t, c) = -2t + 3ct^{-\frac{1}{2}};$$

$$y(t, c) = x^2(t, c) - \left(\frac{1}{3}t^2 + c\sqrt{t}\right)^{-1} = x^2 + v^{-1}$$

ist das allgemeine Integral.

$$\Delta = \begin{vmatrix} x_t & y_t \\ x_c & y_c \end{vmatrix} = \begin{vmatrix} x_t & 2x\,x_t \\ x_c & 2x\,x_c \end{vmatrix}$$

$$+ \begin{vmatrix} x_t & v^{-2} \cdot \left(\frac{2}{3}t + \frac{c}{2\sqrt{t}}\right) \\ x_c & v^{-2} \cdot \sqrt{t} \end{vmatrix} = v^{-2} \cdot \begin{vmatrix} x_t & \frac{2}{3}t + \frac{c}{2\sqrt{t}} \\ x_c & \sqrt{t} \end{vmatrix}$$

$$= v^{-2} \begin{vmatrix} -\frac{2}{3} - \frac{1}{2}c\,t^{-\frac{3}{2}}; & \frac{2}{3}t + \frac{c}{2}t^{-\frac{1}{2}} \\ t^{-\frac{1}{2}} & ; \quad t^{\frac{1}{2}} \end{vmatrix}$$

$$= -\left(\frac{1}{3}t^2 + c\sqrt{t}\right)^{-2} \cdot \left(\frac{4}{3}\sqrt{t} + ct^{-1}\right) = 0.$$

Daraus ergibt sich

1) $v^{-1} = u = y - x^2 = 0.$

2) $3c = -4 \cdot t^{\frac{3}{2}}$; also $x(t) = -2t$;

$$y(t) = x^2(t) - 3\,(t^2 - 4\,t^2)^{-1}; \quad y = x^2 + \frac{4}{x^2}.$$

Das entspricht ganz der p-Diskriminante.

4/5) Wir setzen

$$u = y - x^3 y^2; \quad \frac{du}{dx} = p \cdot (1 - 2x^3 y) - 3x^2 y^2.$$

Dann ist

$$u - x - \left(\frac{du}{dx}\right)^2 + \frac{2}{3} \cdot \left(\frac{du}{dx}\right)^3 = 0$$

eine Lagrangesche Gleichung.

Das allgemeine Integral:

$$x = -t^2 + c; \; u = -\frac{2}{3} \cdot t^3 + c;$$

in impliziter Form:

$$\Phi(x, u, c) \equiv (u - c)^2 - \frac{4}{9} \cdot (c - x)^3 = 0.$$

c-Diskriminante:

$$\Phi_c = -2 \cdot (u - c) - \frac{4}{3} \cdot (c - x)^2 = 0; \; \Phi_c = 0, \; \Phi = 0$$

ist äquivalent mit $u - c = -\frac{2}{3} \cdot (c - x)^2$ und $\Phi = 0 \cdot$

$$(c - x)^4 - (c - x)^3 = 0$$

ergibt $c - x = 0$ und $c - x - 1 = 0$, also $c = x$ bzw. $c = x + 1$. Das führt zu $u = x$ bzw. $u = x + \frac{1}{3}$. Diese beiden Geraden in der (u, x)-Ebene sind die c-Diskriminante.

Die p-Diskriminante berechnet man so:

$$F = u - x - P^2 + \frac{2}{3}\,P^3 = 0 \left(P = \frac{du}{dx}\right);$$

$$F_p = -2\,P \cdot \frac{\partial P}{\partial p} + 2\,P^2 \; \frac{\partial P}{\partial p} = 0$$

ergibt $P = 0$, $P = 1$ und $P_p = 1 - 2x^3 y = 0$

$P = 0$ führt zu $u - x = 0$. $P = 1$ ergibt $u - x - \frac{1}{3} = 0$.

Das sind singuläre Lösungen, die schon in der c-Diskriminante auftauchten. $1 - 2x^3\,y = 0$ ist keine singuläre Lösung.

§ 5. Berührungstransformationen.

Um eine Gleichung $F(x, y, y') = 0$ integrieren zu können, erweist es sich vielfach als zweckmäßig, eine Transformation der Koordinaten vorzunehmen: $x = f(u, v)$, $y = g(u, v)$; mit $v' = \frac{dv}{du}$ ist dann $\frac{dy}{dx} = \frac{g_u du + g_v dv}{f_u du + f_v dv} = \frac{g_u + g_v v'}{f_u + f_v v'}$. Die transformierte Gleichung ist

$$F\left(f(u, v),\; g(u, v),\; \frac{g_u + g_v v'}{f_u + f_v v'}\right) = G(u, v, v') = 0.$$

Bei zweckmäßiger Wahl der Transformation hat die Gleichung $G = 0$ eine einfachere Gestalt oder läßt sich unmittelbar in eine der integrablen Typen einordnen. Das allgemeine Integral

$$\Phi(u, v, c) = 0$$

führt durch die Umkehrtransformation

$$u = \varphi(x, y), \quad v = \psi(x, y)$$

sofort zum allgemeinen Integral

$$\Phi(\varphi, \psi, c) = \Psi(x, y, c) = 0,$$

der ursprünglichen Gleichung. Man kommt zu noch allgemeineren Transformationen, wenn man an die geometrische Bedeutung der Differentialgleichung $F(x, y, p) = 0$ denkt. Drei Werte (x, y, p), die dieser Gleichung genügen, bestimmen ein Linienelement, d. h. einen Punkt $P(x, y)$ und ein durch P gehendes Geradenstück beliebig kleiner Länge, dessen Lage durch den Wert des Richtungsfaktors p festgelegt ist. Eine Integralkurve ist eine kontinuierliche Schar von solchen Linienelementen $x(t)$, $y(t)$, $p(t)$, für die die Relation $dy - p\,dx = 0$ identisch in t erfüllt ist.

Denken wir uns jetzt eine Transformation

(4) $x = f(X, Y, P)$, $y = g(X, Y, P)$, $p = h(X, Y, P)$,

die umkehrbar sein soll

(4′) $X = \varphi(x, y, p)$, $Y = \psi(x, y, p)$, $P = \chi(x, y, p)$.

Die Differentialgleichung

(5) $$F(x, y, p) = 0$$

geht über in eine Gleichung

(5′) $$(F(f, g, h) =)\, G(X, Y, P) = 0.$$

(Der Fall $G_P \equiv 0$ soll vorläufig außer acht bleiben.)

Wie muß die Transformation beschaffen sein, damit jede Lösung von (5′) über (4′) zu einer Lösung von (5) führt und umgekehrt? Sei $X(t)$, $Y(t)$, $P(t)$ eine Lösung von (5′). Es ist also (5′) und die Relation

(6′) $$dY - PdX = 0$$

identisch in t erfüllt. (4) führt zu drei Funktionen $x(t)$, $y(t)$, $p(t)$, die (5) von selbst erfüllen.

Damit sie eine Lösung definieren, muß also die Relation

(6) $$dy - pdx = 0$$

erfüllt sein. Damit haben wir eine erste Antwort: Damit bei einer Transformation (4, 4′) die Lösungen von (5, 5′) ineinander übergehen, ist notwendig und hinreichend, daß für jede Lösung (6) und (6′) äquivalent sind. Wir sind von einer Transformation (4, 4′) sicher, daß sie diese Eigenschaft für jede Diffgl. erfüllt, wenn identisch im (x, y, p)-Raume, d. h. für jede Kurve $x(t), y(t), p(t)$ eine Relation

(7) $$dY - PdX = \varrho(x, y, p) \cdot (dy - pdx)$$

besteht, wo ϱ eine nirgends verschwindende, sonst aber beliebige Funktion ist. Eine Transformation solcher Art heißt Berührungstransformation. Wir wollen nur einige solcher Transformationen kennenlernen, die es erlauben, eine Gleichung (5) in eine einfachere (5′) zu überführen, deren Integration sich unmittelbar ergibt. Aus dem allgemeinen Integral von (5′) läßt sich leicht das allgemeine Integral von (5) finden.

Sei etwa $\Phi(X, Y, c) = 0$ das allgemeine Integral von (5′). Daraus erhält man das allgemeine Integral von (5) durch Eliminationsprozesse. Die beiden Gleichungen

$$\Phi(X, Y, c) = \Phi(\varphi, \psi, c) = 0; \; f(x, y, p) = 0$$

sind in (x, y, p) zwei Gleichungen $\varphi_1(x, y, p, c) = 0$, $\varphi_2(x, y, p) = 0$, aus denen durch Elimination von p die Kurvenschar $\varphi_0(x, y, c) = 0$ folgt, die wegen (7) Lösungen von (5) darstellt. Es kann allerdings vorkommen, daß es zu (5′) I Kurven gibt, zu (5) aber nicht. Dann ist die Elimination von p aus $\varphi_1 = 0$, $\varphi_2 = 0$ nicht möglich.

Hier einige Berührungstransformationen:

1) $X = p, \; P = x, \; Y = px - y; \quad (\varrho = -1)$

2) $X = x - yp, \; Y = y \cdot \sqrt{p^2 - 1}, \; P = \dfrac{-p}{\sqrt{p^2 - 1}}$

$$\left(\varrho = -(p^2 - 1)^{-\frac{1}{2}}\right)$$

3) $X = x + \dfrac{ap}{\sqrt{1 + p^2}}, \; Y = y - \dfrac{a}{\sqrt{1 + p^2}}, \; P = p \quad (\varrho = 1)$

4) $X = \dfrac{x}{p}, \; Y = y - \dfrac{xp}{2}, \; P = \dfrac{1}{2} \cdot p^2 \quad (\varrho = 1)$

5) $X = \dfrac{-p}{\sqrt{p^2 - 1}}, \; Y = \dfrac{y - px}{\sqrt{p^2 - 1}}, \; P = x - yp$

$$\left(\varrho = \frac{1}{\sqrt{p^2 - 1}}\right).$$

Beispiele.

1) $y \cdot p = x \cdot f(y^2 - xyp); \; y^2 = z; \; \dfrac{z'}{2} = x \cdot f\left(z - \dfrac{x}{2} \cdot z'\right).$

Sei wieder y statt z, p statt z' geschrieben. $p = 2x \cdot f\left(y - \dfrac{x}{2} p\right).$
Die Berührungstransformation 4) ergibt $X^{-1} = 2 \cdot f(Y)$.

Wir haben hier den bisher nicht behandelten Fall, daß die Gleichung (5′) gar keine Diffgl. ist. Nun muß doch $dY - PdX = 0$ erfüllt sein. Aus $1 = 2\,X\,f(Y)$ ergibt sich

$$0 = f(Y) \cdot dX + X \cdot f'(Y) \cdot dY = dY \cdot \left(\frac{f(Y)}{P} + X \cdot f'(Y)\right).$$

Setzen wir die zweite Klammer gleich Null, so erhalten wir bei Integration wieder die Ausgangsgleichung $1 = 2\,X\,f(Y)$, also nichts Neues. Aus $dY = 0$ ergibt sich $Y = c$. Damit haben wir zwei Gleichungen $Y = c$, $1 = 2\,X\,f(Y)$ gewonnen, die bei Zurückführung auf (x, y, p) und Elimination von p uns zum allgemeinen Integral in (x, y) führen.

$$Y = y - \frac{xp}{2} = c; \quad X = \frac{x}{p} = \frac{1}{2 \cdot f(c)}$$

$$p = \frac{(y-c)\,2}{x}, \quad p = 2x \cdot f(c)$$

$$y = x^2 \cdot f(c) + c$$

ist das allgemeine Integral der Gleichung $p = 2x \cdot f\left(y - \frac{x}{2} \cdot p\right)$; daher ist

$$y^2 = x^2 \cdot f(c) + c$$

das allgemeine Integral der ursprünglichen Gleichung. Das läßt sich hier auch direkt erzielen, indem in $\frac{z'}{2} = xf\left(z - \frac{x}{2}\,z'\right)$ $t = x^2$ gesetzt wird: $\frac{dz}{dt} = f\left(z - t\,\frac{dz}{dt}\right)$, $z - t\frac{dz}{dt} = g\left(\frac{dz}{dt}\right)$, woraus sich $z = tf(c) + c$ ergibt.

2) $\quad xy + xy \cdot p^2 - p + (yp - x) \cdot \sqrt{1 + p^2} + p^3 = 0.$

Die Berührungstransformation (3) für $a = 1$ ergibt

$$(1 + P^2) \cdot (XY + P) = 0,$$

was zu

$$\Phi(X, Y, C) = Y - C \cdot exp\left(-\frac{X^2}{2}\right) = 0$$

führt. Zu dieser Gleichung schreiben wir

$$\Phi_X + \Phi_Y \cdot P = C \cdot X \cdot exp\left(-\frac{X^2}{2}\right) + P = 0.$$

Diese zwei Gleichungen sind in den alten Variablen zu schreiben und p zu eliminieren. Diese Elimination ist zwar möglich, aber schwieriger als der folgende Weg. Man schreibt beide Gleichungen in den drei Größen x, y, X und gewinnt daraus x, y als Funktionen von X.

$$x = X + \frac{C \cdot X \cdot exp\left(-\frac{X^2}{2}\right)}{\sqrt{1 + C^2 \cdot X^2 \cdot e^{-X^2}}},$$

$$y = C \cdot exp\left(-\frac{X^2}{2}\right) + \frac{1}{\sqrt{1 + C^2 \cdot X^2 \cdot e^{-X^2}}}.$$

3) $4 + (y^2 - p^3 x) \cdot (1 + p^2) - 2\,(p^4 + 2y)\sqrt{1 + p^2} = 0.$

Die Berührungstransformation (3) für $a = 2$ führt zu

$$(\alpha) \qquad Y^2 - P^3 \cdot X = 0.$$

Trennung der Variablen ergibt

$$Y^{\frac{1}{3}} - \tfrac{1}{2} \cdot X^{\frac{2}{3}} = C.$$

Als zweite Gleichung tritt dazu (α). Aus

$$P^3 \cdot X = (C + \tfrac{1}{2} \cdot X^{\frac{2}{3}})^6$$

gewinnen wir bei Umschreiben auf die alten Variablen x als Funktion von p. Damit ist das allgemeine Integral in Parameterform gegeben.

4) $\qquad y - px + x^2 p - 2p^2 xy + y^2 \cdot p^3 = 0.$

Die Transformation (5) ergibt die einfache Gleichung

$$(\beta) \qquad Y - P^2 \cdot X = 0,$$

deren allgemeines Integral

$$\sqrt{Y} \mp \sqrt{X} = C$$

zusammen mit (β) in x, y, p das allgemeine Integral der ursprünglichen Gleichung implizit ergibt. Beide Gleichungen sind in x und y vom zweiten Grade und daher ohne größere Schwierigkeiten auflösbar.

Solcher Beispiele gibt es natürlich die Fülle. Das Schwierige bei alledem ist aber, zu erkennen, wann überhaupt die

Anwendung einer Berührungstransformation angebracht und welche Transformation zweckmäßig ist. Weil hier eine Herausstellung von prägnanten Typen nur in bescheidenem Umfange möglich ist, kommt eine methodische Verwendung für die praktische Integration der gewöhnlichen Diffgl. nicht in Frage. Es ist aber gut, wenigstens die besonders einfache (Legendre-)Transformation 1) in Erinnerung zu behalten.

§ 6. Existenz und Eindeutigkeit der Lösungen. Verlauf im Großen.

Gegeben ist die Diffgl. $y' = f(x, y)$. Voraussetzung für Existenz und Eindeutigkeit einer Lösung, die durch x_0, y_0 geht, ist die Lipschitzsche Bedingung:

$$\left| \frac{f(x, y_1) - f(x, y_2)}{y_1 - y_2} \right| < \text{konst.}$$

für irgend zwei verschiedene Punkte (x, y_1), (x, y_2) einer Umgebung von (x_0, y_0). Diese Bedingung ist hinreichend, aber nicht notwendig. Perron (Math. Annalen 78) hat gezeigt, daß bei alleiniger Annahme der Stetigkeit von $f(x, y)$ in einer Umgebung von (x_0, y_0) es eine kontinuierliche Schar von Lösungen gibt, die von einer Maximal- und Minimallösung eingeschlossen werden. Fallen diese beiden zusammen, so gibt es eine einzige Lösung durch (x_0, y_0).

Nagumo (Japanese Journal of Math. 1926) hat eine hinreichende Bedingung für die Einzigkeit der Lösung angegeben, die weiter als die Lipschitzsche Bedingung und sehr einfach ist. Es genügt zu fordern

$$(8) \qquad |x - x_0| \cdot \left| \frac{f(x, y_1) - f(x, y_2)}{y_1 - y_2} \right| \leqq 1$$

für irgend zwei verschiedene Punkte (x, y_1) und (x, y_2) einer Umgebung U von (x_0, y_0), um die Eindeutigkeit der Lösung zu sichern.

Zunächst bemerken wir, daß aus (8) für jeden Punkt $(x, y) \neq (x_0, y_0)$ die Gültigkeit der Lipschitzschen Bedingung und damit die Eindeutigkeit folgt. Da die Eindeutigkeit in $(x, y) \neq (x_0, y_0)$ sich aus unserer verallgemeinerten Voraussetzung nicht schließen lassen wird, machen wir zunächst die ausdrückliche Annahme,

B) daß in jedem von (x_0, y_0) verschiedenen Punkte eines beliebig kleinen, aber festen Winkelraumes

$$f(x_0, y_0) - \varepsilon < (y - y_0)/(x - x_0) < f(x_0, y_0) + \varepsilon$$

des Bereiches U die Eindeutigkeit gelte.

Setzen wir nun für $y_1 \neq y_2$

$$(x - x_0)\frac{f(x, y_1) - f(x, y_2)}{y_1 - y_2} - 1 = \psi(x, y_1, y_2),$$

so soll unsere zweite Voraussetzung lauten:

A) das Integral

$$\int_{x^0}^{x} \frac{\psi(t, y_1, y_2)}{t - x_0}\, dt \qquad (x^0 > x_0),$$

in dem $y_1(t), y_2(t)$ beliebige in der Richtung $f(x_0, y_0)$ in den Punkt (x_0, y_0) einmündende differenzierbare Funktionen bedeuten können, soll für $x \to x_0 + 0$ nicht gegen $(-\infty)$ gehen.

Die Voraussetzung A ist offenbar erfüllt, wenn (8) gefordert wird, nicht umgekehrt. (A) ist also noch schwächer als (8).

Unter den Voraussetzungen (A) und (B) gilt dann:
Die Differentialgleichung $y' = f(x, y)$ kann für $x \geqq x_0$ nur eine durch (x_0, y_0) gehende **Integralkurve haben.**

Zur Erläuterung der Voraussetzung sei

$$p = \psi^+ = \mathrm{Max}(\psi, 0); \quad q = \psi^- = -\mathrm{Min}(\psi, 0) \geqq 0$$

gesetzt. Es ist dann für $x_0 < x < x^0$

$$\int\limits_{x^0}^{x} \frac{\psi}{t-x_0}\,dt = \int\limits_{x^0}^{x} \frac{p(t)}{t-x_0}\,dt - \int\limits_{x^0}^{x} \frac{q(t)}{t-x_0}\,dt \geqq \int\limits_{x^0}^{x} \frac{p(t)}{t-x_0}\,dt.$$

Unsere Voraussetzung ist also dann sicher erfüllt, wenn

$$\int\limits_{x^0}^{x} \frac{p(t)}{t-x_0}\,dt$$

konvergiert. In (8) läßt sich also die rechte Seite vergrößern, aber so, daß die 1 nicht allzuoft oder allzusehr überschritten wird. Der Beweis ist ganz kurz. Gäbe es zwei Lösungen y_1 und y_2, so wissen wir wegen (B), daß sich y_1 und y_2 nicht schneiden für $x > x_0$; daher läßt sich für $x > x_0$ annehmen $y_1(x) > y_2(x)$. Von der Funktion

$$\psi(x, y_1(x), y_2(x)) = \psi(x)$$

wissen wir, daß

$$\int\limits_{x^0}^{x} \frac{\psi(t)}{t-x_0}\,dt \not\to -\infty.$$

Die Differentialgleichung

$$\frac{dv}{dx} = \frac{v}{x-x_0}(1+\psi(x))$$

hat das allgemeine Integral

$$v = C(x-x_0)\, e^{\int\limits_{x^0}^{x} \frac{\psi(t)}{t-x_0}\,dt}$$

Sie hat insbesondere die Lösung

$$v_0(x) = y_1(x) - y_2(x).$$

Es ist $\quad v_0(x_0) = 0,\ v_0'(x_0) = 0.$

Aus

$$v_0'(x_0) = 0 = \lim_{x=x_0+0} \frac{v_0(x)}{x-x_0} = C_0 \lim e^{\int\limits_{x^0}^{x} \frac{\psi(t)}{t-x_0}\,dt}$$

folgt, da der zweite Faktor nicht gegen Null geht, $C_0 = 0$, d. h. $v_0 = y_1 - y_2 \equiv 0$ im Widerspruch zur Annahme.

Der Existenz- und Eindeutigkeitssatz ist ein „Satz im Kleinen“. Er bezieht sich nur auf die Umgebung eines Punktes. In G. D. S. 24 ist gezeigt, wie man eine bestimmte Lösung bis zum Rande eines vorgeschriebenen Gebietes G verfolgen kann.

Um Sätze „im Großen“ zu gewinnen, muß man zunächst die Abhängigkeit einer Lösung von der Funktion f und den Anfangswerten näher kennen. Wie ändert sich nun der Verlauf der Integralkurve durch (x_0, y_0), wenn die Differentialgleichung ein wenig abgeändert wird?

Seien $y' = f(x, y)$, $Y' = f(x, Y) + A(x, Y)$ zwei Gleichungen, in denen f im Gebiet G der Lipschitz-Bedingung genügt; von A wird nur Beschränktheit gefordert, aber außerdem vorausgesetzt, daß es eine Lösung $G(x)$ der zweiten Gleichung gibt, die durch (x_0, y_0) geht und eine stückweise stetige Ableitung hat.

Aufgabe 6/1) Man wende auf die erste Differentialgleichung das Picardsche Approximationsverfahren mit $y_0 = Y(x)$ als Anfangsnäherung an und zeige von der Lösung $y(x)$: $|Y(x) - y(x)| < \delta \cdot |x - x_0| \cdot e^{M \cdot |x - x_0|}$; δ = obere Grenze $|A|$ in G, M Konst. d. Lipschitzbed.; die Ungleichung gilt für $|x - x_0| \leqq b^*$, wobei b^* neben der Abhängigkeit von f nur durch die Bedingung $b^* <$ konst. b eingeschränkt ist; b bedeutet die kleinste Seite des Rechtecks um (x_0, y_0), das noch in G liegt.

6/2) $y_1(x)$ sei die Lösung von $y' = f(x, y)$ durch (x_0, y_0); $y_2(x)$ sei die entsprechende Lösung durch (x_0', y_0').

Man schätze die Größe $(y_1 - y_2)$ ab durch Zurückführung der Frage auf 1) mit Hilfe einer Substitution. — Mit dieser Aufgabe ist die Abhängigkeit der Ikurven von den Anfangsbedingungen geklärt. Nunmehr ist es möglich, „Sätze im Großen“ zu gewinnen, d. h. Aussagen über Verlauf und Gestalt der Lösungsschar in einem Gebiete G. Bendixson hat in den Acta math. 24 solche Sätze bewiesen. Schreiben wir statt der Differentialgleichung

$$\frac{dy}{dx} = f(x, y) = \frac{Q}{P}$$

das vom Koordinatensystem unabhängigere System

$$\frac{dx}{dt} = P(x, y); \quad \frac{dy}{dt} = Q(x, y).$$

P und Q seien in einem abgeschlossenen Gebiete G der (x, y)-Ebene stetig und (x_0, y_0) sei ein Punkt P_0 innerhalb G. Wir suchen die Lösung $x = x(t)$, $y = y(t)$, die für $t = 0$ durch P_0 geht. Der Picardsche Existenzbeweis lehrt uns die Existenz einer solchen Lösung in einem Intervall $|t| \leqq a^*$. Dabei ist a^* beschränkt (siehe G. D. S. 24) durch die Forderungen $a^* < \frac{b_1}{N_1}$, $a^* < \frac{b_2}{N_2}$, $a^* < \frac{q}{2M}$

$$N_1 = \text{Max}\,|P|,\ N_2 = \text{Max}\,|Q| \text{ in } G\,;\ q < 1$$

$$M = \text{Max}\left\{\frac{|P(x,y) - P(x',y')|}{|x - x'| + |y - y'|};\ \frac{|Q(x,y) - Q(x',y')|}{|x - x'| + |y - y'|}\right\}$$

für irgend zwei Punkte $(x, y) \neq (x', y')$ in G. (Beschränktheit dieser Quotienten folgt aus Lipschitzbedingungen!) Das Rechteck

$$|x - x_0| \leqq b_1,\ |y - y_0| \leqq b_2$$

soll noch ganz in G liegen, wodurch b_1 und b_2 festgelegt sind. Verfolgen wir die Integralkurve zunächst nur für positive t, dann können wir für die Anfangswerte $t_{0,1} = a^*$; $x_{0,1} = x(a^*)$; $y_{0,1} = y(a^*)$ dieselbe Betrachtung anwenden und nunmehr $x = x(t)$, $y = y(t)$ für $|t - a^*| < a_1^*$ definieren, wobei nur $b_{1,1}$ und $b_{2,1}$ sich geändert haben und infolgedessen $a_1^* < a^*$ sein könnte. Können wir durch ein solches fortgesetztes Verfahren die Kurve nur für $t < T$ definieren, so ist klar, daß wir bis zum Rande gelangt sind. (Min $(b_{1,n} b_{2,n})$ ist immer kleiner geworden).

In diesem Falle ist also die Existenz bis zum Rande gesichert. Falls für alle $t > 0$ die Funktionen $x(t)$, $y(t)$ nach obigem Verfahren definiert werden können, so ist entweder möglich, daß die Kurve für $t \to \infty$ an den Rand herangeht, womit das Problem erledigt ist, oder aber, daß sie ganz im Innern von G bleibt. Was läßt sich dann über die Kurve sagen? Nehmen wir zunächst an, daß für $t \to \infty$ die Kurve sich einem festen Punkte (x^0, y^0) nähert. Dann ist $P(x^0, y^0) = Q(x^0, y^0) = 0$.

Der Punkt (x^0, y^0) ist zu den singulären Punkten der Differentialgleichung $y' = \dfrac{Q}{P}$ zu zählen. Wäre z. B. $P(x^0, y^0) \neq 0$, etwa > 0, so wäre für große t etwa $t > t_0$

$$P(x(t), y(t)) > \tfrac{1}{2} P(x^0, y^0)$$

und daher

$$x(t) - x(t_0) = \int_{t_0}^{t} P(x(\tau), y(\tau))\, d\tau > \tfrac{1}{2}(t - t_0) \cdot P(x^0, y^0),$$

also gewiß nicht $\lim\limits_{t=\infty} x(t) = x^0$ entgegen der Annahme. Entsprechendes gilt bei $Q \neq 0$. Wir nehmen nun an, daß die Menge $\mathfrak{M}$ der Häufungspunkte der Kurve $\mathfrak{C}: x = x(t), y = y(t)$ für $t \to \infty$ keinen singulären Punkt und keinen Randpunkt enthält. Als erste Möglichkeit ersieht man sofort: $\mathfrak{C}$ ist eine geschlossene Integralkurve, die also für $t = \infty$ sich selbst als Häufungsmenge $\mathfrak{M}$ hat. Was gibt es sonst noch für Möglichkeiten? Die Antwort lautet: $\mathfrak{M}$ ist eine geschlossene Integralkurve, an die sich die Kurve $\mathfrak{C}$ spiralenförmig anschließt (eine sog. „Grenzzykle“). Wir wollen den Beweis als Aufgabe stellen und ihn in die folgenden Hilfssätze zerlegen.

6/3) Ein Punkt R aus $\mathfrak{M}$ sei ein Punkt von $\mathfrak{C}$. Dann ist $\mathfrak{M} \equiv \mathfrak{C}$ und $\mathfrak{C}$ ist eine geschlossene Kurve.

Es sei $\mathfrak{M} \neq \mathfrak{C}$, P ein Punkt von $\mathfrak{M}$, der nicht zu $\mathfrak{C}$ gehört. $\mathfrak{C}'$ sei die durch P gehende Integralkurve. Dann wird behauptet:

6/4) $\mathfrak{C}'$ ist in $\mathfrak{M}$ enthalten; also alle Punkte von $\mathfrak{C}'$ sind Häufungspunkte von $\mathfrak{C}$.

6/5) Die Häufungsmenge $\mathfrak{M}'$ von $\mathfrak{C}'$ gehört zu $\mathfrak{C}'$. Daraus folgt gemäß 3), daß $\mathfrak{C}'$ eine geschlossene Integralkurve ist.

Lösungen.

6/1) Es ist

$$y_0(x) = Y(x); \quad y_1(x) = y_0 + \int_{x_0}^{x} f(t, y_0(t))\, dt, \ldots$$

$$y_n = y_0 + \int_{x_0}^{x} f(t, y_{n-1}(t))\, dt.$$

Nun ist

$$Y(x) = y_0 + \int_{x_0}^{x} f(t, Y(t))dt + \int_{x_0}^{x} A(t, Y(t))dt$$

$$|Y(x) - y_1(x)| \leqq \left| \int_{x_0}^{x} A(t, Y(t))\, dt \right| < \delta \; |x - x_0|.$$

Entsprechend folgt durch Induktion

$$|Y(x) - y_n(x)| < \delta \; M^{n-1} \cdot \frac{|x - x_0|^n}{(n-1)!} + \delta \cdot M^{n-2} \cdot \frac{|x - x_0|^{n-1}}{(n-2)!} + \cdots + \delta \cdot |x - x_0|.$$

Daraus ergibt sich sofort

$$|Y(x) - y(x)| < \delta \cdot |x - x_0| \cdot e^{M \cdot |x - x_0|}.$$

6/2) $\bar{x} = x - (x_0' - x_0); \; \bar{y} = y - (y_0' - y_0)$.

Durch diese Substitution geht die Differentialgleichung über in

$$\frac{d\bar{y}}{d\bar{x}} = f(\bar{x} + (x_0' - x_0), \bar{y} + (y_0' - y_0)) = f(\bar{x}, \bar{y}) + A(\bar{x}, \bar{y}).$$

Die Aufgabe ist daher zurückgeführt, die Integrale durch (x_0, y_0) der beiden Gleichungen $\frac{dy}{dx} = f(x, y)$; $\frac{dy}{dx} = f(x, y) + A(x, y)$ zu vergleichen, also auf die vorige Aufgabe. Falls $|x_0' - x_0| + |y_0' - y_0|$ genügend klein ist, ist $A(x, y)$ genügend klein und beide Gleichungen sind definiert in einem G', das sich nur wenig von G unterscheidet. Wenn die Lipschitzsche Bedingung für f hinsichtlich beider Variabler erfüllt ist, so folgt insbesondere

$$|A| < \text{konst.}\,(|x_0' - x_0| + |y_0' - y_0|).$$

6/3) R gehört zugleich zu $\mathfrak{M}$ und $\mathfrak{C}$. Da eine bestimmte Tangente vorhanden, so gibt es in R auch eine Normale n_R, die die Ebene in zwei Halbebenen teilt. Für $t = t_R$ möge R passiert werden. Wir wollen sagen, der Punkt laufe von der linken in die rechte Halbebene. Da wegen der Stetigkeit des Richtungsfeldes der Punkt R als Punkt aus $\mathfrak{M}$ durch die Kurvenpunkte $R_\nu(t = t_\nu$ in $R_\nu)$ mit angenähert gleicher Tangente angenähert wird, so gibt es für $t > t_R$ einen ersten Wert t_1, für den die Normale n_R nahe R von links nach rechts getroffen wird, etwa in R_1'. Das Kurvenstück $\mathfrak{C}$ für $t_R \leqq t \leqq t_1$ und das Normalenstück $R_1' R_1$ bilden eine geschlossene Jordankurve. Da nun immer wieder die Normale nahe R in Richtung von links nach rechts geschnitten werden muß, so muß die Kurve $\mathfrak{C}$ für $t > t_1$ die Jordankurve treffen, entweder sich selbst — und dann ist $\mathfrak{C}$ eine geschlossene Integralkurve — oder das Normalenstück. Das würde bedeuten, daß für $t > t_1$ die Normale in entgegengesetzter Richtung geschnitten wird; da diese Betrachtung statt für $t > t_R$ auch für einen beliebig großen Wert $t > t'$ sich durchführen läßt, für den die Normale von links nach rechts getroffen wird, so wird der Stetigkeit von P und Q widersprochen (die ja nicht beide Null sind in R). Es ist also $\mathfrak{C}$ eine geschlossene Integralkurve.

6/4) P_ν sei eine Punktfolge auf $\mathfrak{C}$, die gegen P konvergiert. Wir betrachten die Integralkurven, die für $t = 0$ in P und P_ν sind. Das sind die Kurven $\mathfrak{C}'$ und $\mathfrak{C}$. Denn eine Verschiebung von t ändert nichts an dem Differentialsystem. Die stetige Abhängigkeit von den Anfangswerten erlaubt nun, zu jedem beliebigen festen Intervall $|t| < K$ ein $\nu = \nu(K, \varepsilon)$ so groß zu finden, daß $\mathfrak{C}$ und $\mathfrak{C}'$ für $|t| < K$ sich um weniger als ε unterscheiden. Daraus folgt bereits, daß jeder Punkt von $\mathfrak{C}'$ zu $\mathfrak{M}$ gehört. Es ist auch jeder Häufungspunkt von Punkten $\mathfrak{C}'$ Häufungspunkt von Punkten $\mathfrak{C}$.

6/5) $\mathfrak{C}'$ kann also nicht in beliebige Nähe des Randes oder eines singulären Punktes geraten, da sonst dasselbe für $\mathfrak{C}$ gelten würde. Betrachten wir jetzt die zu $\mathfrak{C}'$ gehörige Häufungsmenge $\mathfrak{M}'$. Da $\mathfrak{M}'$ zu $\mathfrak{M}$ gehört, ist $\mathfrak{M}'$ frei von Singularitäten und Randpunkten. Gäbe es einen Punkt P'' von $\mathfrak{M}'$, der nicht zu $\mathfrak{C}'$ gehört (kein Punkt von $\mathfrak{M}'$ gehört dann zu $\mathfrak{C}'$), so gibt es durch diesen eine Kurve $\mathfrak{C}''$. Die Betrachtungen von vorher wiederholen sich. Wir ziehen in P'' die Normale (die ja existiert.) Sie wird immer wieder von $\mathfrak{C}'$ in einer bestimmten Richtung getroffen. Zwischen zwei solchen genügend nahe bei P'' gelegenen aufeinanderfolgenden Treffpunkten $P_1' P_2'$ und $P_2' P_3'$ kann die Normale nur einmal von der Kurve $\mathfrak{C}$ geschnitten werden wegen der Stetigkeit des Richtungsfeldes. Dann ist aber P'' nicht Punkt von $\mathfrak{M}$ im Widerspruch zu oben. Also gehören alle Punkte von $\mathfrak{M}'$ zu $\mathfrak{C}'$. $\mathfrak{C}'$ ist eine geschlossene Kurve.

§ 7. Singuläre Punkte.

Singulärer Punkt der Differentialgleichung $P \cdot dx + Q \cdot dy = 0$ heißt jede gemeinsame Nullstelle (x_0, y_0) von P und Q. Haben P und Q einen Faktor μ gemeinsam, so daß

$$P_1 = P : \mu, \quad Q_1 = Q : \mu$$

nicht gleichzeitig mit μ verschwinden in (x_0, y_0), dann heißt die Singularität behebbar. Die einfachste isolierte singuläre Stelle tritt in der Gleichung

$$\frac{dy}{dx} = \frac{ax + by}{\alpha x + \beta y} \tag{9}$$

auf, die aber doch schon viel Charakteristisches bietet. Für $b\alpha - \beta a = 0$ ist die Singularität behebbar. Sind die Wurzeln α_1, α_2 der Gleichung $a + (b - \alpha) z - \beta z^2 = 0$ — es sei $\beta \neq 0$ — verschieden, dann ist (G. D. S. 44) für

$$\xi = y - \alpha_1 x, \quad \eta = y - \alpha_2 x \tag{10}$$

$$\xi^{\varkappa_1} \eta^{-\varkappa_2} = C \tag{11}$$

das allgemeine Integral; dabei ist $\varkappa_1 - \varkappa_2 = -1$.

7/1) Ist $\varkappa_1$ oder $\varkappa_2$ Null, so folgt $b\alpha - a\beta = 0$, d. h. die Singularität ist behebbar. —

Für $b\alpha - a\beta \neq 0$ ist nun

$$\frac{d\eta}{d\xi} = \frac{\varkappa_1 \eta}{\varkappa_2 \xi} \tag{9'}$$

die Differentialgleichung der Schar (11). Durch die Substitution 10) geht also 9) über in 9'). Sind α_1 und α_2 reell, so ist die Substitution 10) und auch 9') reell. Die beiden Geradenlösungen $y = \alpha_i x$ sind Koordinatenachsen geworden.

7/2) α_1 und α_2 seien konjugiert komplex. Dann läßt sich 9) durch eine reelle lineare Substitution in die reelle Gestalt setzen

$$\frac{d\eta}{d\xi} = \frac{\xi + a\eta}{a\xi - \eta}, \tag{9''}$$

— Ist $\alpha_1 = \alpha_2$, liegt also eine (reelle) Doppelwurzel α_0 vor, so ist für

$$(12) \qquad \xi = y - \alpha_0 x; \quad \eta = \left(\frac{\alpha}{\beta} + \alpha_0\right) \cdot x$$

$$\xi \cdot e^{-\frac{\eta}{\xi}} = C$$

das allgemeine Integral von 9). Dazu gehört die Diffgl.

$$(9''') \qquad \frac{d\eta}{d\xi} = \frac{\xi + \eta}{\xi},$$

in die also 9) durch die Substitution 12) überführt wird.

Ist $\beta = 0$, so ist für $b = 0$ die Singularität behebbar. Für $a = 0$ hat 9) bereits die Gestalt 9′). Sind a und b verschieden von Null und kann daher geschrieben werden

$$\frac{dy}{dx} = \frac{a_1 x + b_1 y}{x},$$

so führt für $b_1 = 1$ die Substitution

$$\xi = a_1 x, \quad \eta = b_1 y$$

zu 9‴). Für $b_1 \neq 1$ ist (die Differentialgleichung ist ja linear!)

$$y = \frac{a_1}{1 - b_1} \cdot x + c \cdot x^{b_1}$$

das allgemeine Integral. Die Substitution

$$(13) \qquad \eta = y - \frac{a_1}{1 - b_1} x; \quad \xi = x$$

führt zu
$$\eta = c \cdot \xi^{b_1},$$
wozu die Differentialgleichung

$$\frac{d\eta}{d\xi} = b_1 \cdot \frac{\eta}{\xi}$$

gehört, die von der Art 9′) ist. Wir haben also das Ergebnis: Die allgemeine Differentialgleichung

$$y' = \frac{ax + by}{\alpha x + \beta y}$$

$(b\alpha - \beta a \neq 0)$ läßt sich durch reelle lineare Substitutionen auf eine der drei Formen 9′), 9″), 9‴) bringen.

Die Differentialgleichung

$$\frac{dy}{dx} = \frac{ax + by + \eta_1(x, y)}{\alpha x + \beta y + \eta_2(x, y)}$$

läßt sich entsprechend, wenn die Wurzeln α_1, α_2 reell und verschieden sind, durch eine lineare Substitution in die Gestalt

$$\frac{d\eta}{d\xi} = \frac{\varkappa_1 \eta + \delta_1(\xi, \eta)}{\varkappa_2 \xi + \delta_2(\xi, \eta)}$$

bringen. Schreiben wir wieder (x, y) statt (ξ, η) und η_1, η_2 an Stelle von δ_1, δ_2, so sind wir bei Gleichung (37), G. D. S. 44. Der Fall $\frac{\varkappa_1}{\varkappa_2} < 0$ (Sattelpunkt) ist in G. D. eingehend erörtert. Es sei jetzt $\frac{\varkappa_1}{\varkappa_2} > 0$. $\frac{\varkappa_1}{\varkappa_2} < 1$ führt sich auf $\frac{\varkappa_1}{\varkappa_2} > 1$ zurück durch Vertauschung der Bezeichnungen x und y. Daher sei weiterhin $\frac{\varkappa_1}{\varkappa_2} = a > 1$. Wir wollen auch hier die Invarianz zeigen. Das Richtungsfeld der Gleichung

$$y' = \frac{ay + \eta_1}{x + \eta_2};$$

wird in einer Umgebung des Nullpunktes im wesentlichen dasselbe sein wie das der Gleichung

$$y' = \frac{ay}{x}.$$

Das Ikurvenbild für $a > 1$ zeigt in der Tat auch einen Knoten, falls folgende Bedingungen erfüllt sind:

α) $$\frac{\eta_i(x, y)}{|x| + |y|} \to 0$$

β_1) $|\eta_1(x_1, y) - \eta_1(x_2, y)| < C\,|x_1 - x_2|$

β_2) $|\eta_2(x_1, y) - \eta_2(x_2, y)| < \vartheta_0 \cdot \frac{a-1}{a}\,|x_1 - x_2| \quad (\vartheta_0 < 1)$

γ) (0,0) ist isolierte Singularität.

β_1, β_2 brauchen nur zu gelten in einem Winkelraum um die positive und um die negative y-Achse.

Für $a = 1$ sind zur Invarianz nötig:

$$\alpha') \qquad \frac{\eta}{|x| + |y|} \to 0$$

$$\beta') \qquad |\eta(x_1, y_1) - \eta(x_2, y_2)| < \varepsilon(\varrho) \cdot r.$$

$r = \sqrt{(x_1 - x_2)^2 + (y_1 - y_2)^2}$; $\varrho = r_1 + r_2$; $r_i = \sqrt{x_i^2 + y_i^2}$. Die Funktion $\varepsilon(\varrho)$ hat die Eigenschaft K; das soll heißen:

das Integral $\int\limits_0^\varrho \frac{\varepsilon(t)}{t}\,dt$ ist konvergent.

γ') (0,0) ist isolierte Singularität. (α'), (γ') folgen aus (β'). — Nur der Fall $a > 1$ sei hier behandelt.

Beweis: Die Kurve $\mathfrak{C}_2 \equiv (x + \eta_2 = 0)$ läuft in Richtung der y-Achse, die Kurve $\mathfrak{C}_1 \equiv (ay + \eta_1 = 0)$ in Richtung der x-Achse in 0 ein, wie unmittelbar aus (α) folgt. Zu dem Winkelraum $-\frac{\pi}{2} + \delta \leqq \varphi \leqq \frac{\pi}{2} - \delta$ läßt sich bei jedem festen positiven $\delta < \frac{\pi}{2}$ ein $r_0(\delta)$ so finden, daß im Kreissektor $\left(-\frac{\pi}{2} + \delta \leqq \varphi \leqq \frac{\pi}{2} - \delta,\ 0 < r \leqq r_0\right)$ kein Punkt der Kurve $\mathfrak{C}_2$ liegt. $P_0 = (x_0, y_0)$ sei irgend ein Punkt auf einem Randstrahl des Sektors. Es ist

$$x^2 \left(\frac{y(x)}{x}\right)' = xy' - y$$

$$(x + \eta_2)\, x^2 \left(\frac{y}{x}\right)' = xy(a-1) + x\eta_1 - y\eta_2.$$

Die Kurve $\mathfrak{C}^*$, definiert durch

$$xy(a-1) + x\eta_1 - y\eta_2 = 0,$$

besteht (für $a > 1$!) aus zwei Zweigen; der eine läuft in Richtung der y-Achse durch den Nullpunkt, der andere in Richtung der x-Achse. Auch das folgt fast unmittelbar aus (α). Der Radius unseres Kreissektors läßt sich bei festem

δ noch so verkleinern, daß kein Punkt von $\mathfrak{C}^*$ auf einem Randstrahl liegt. In P_0 ist also

$$\operatorname{sign}\left((y/x)'\right) = \operatorname{sign} y.$$

Also kann bei fallendem x keine Integralkurve aus dem Sektor heraustreten. Sei jetzt P_0 irgend ein Punkt des Sektors. Die Integralkurve durch P_0 bleibt im Sektor und ist also als Funktion $y(x)$ definiert für $0 < x \leqq x_0$. Wenn für $x \to +0$ von einem gewissen x^0 an die Integralkurve keinen Punkt von $\mathfrak{C}^*$ trifft, so ist $\operatorname{sign}\left((y/x)'\right)$ für $0 < x < x^0$ konstant, also ist y/x monoton und $\lim y/x = m$ existiert.

Aus der Differentialgleichung folgt sofort $m = a \cdot m$. Für $a > 1$ ist daher $m = 0$. Trifft nun die Integralkurve immer wieder $\mathfrak{C}^*$, so ist für die Schnittpunkte sicherlich $\lim \frac{y}{x} = 0$. Jeder andere Punkt der Integralkurve liegt in einem von zwei Punkten aus $\mathfrak{C}^*$ begrenzten, aber sonst von Punkten von $\mathfrak{C}^*$ freien Stück der Integralkurve. Längs dieses Stücks ist $\operatorname{sign}\left((y/x)'\right)$ konstant. y/x wandert also monoton zwischen zwei Werten, die für $x \to +0$ gegen Null gehen. Also ist längs der Integralkurve $\lim y/x = 0$.

Damit ist festgestellt: alle Integralkurven, die überhaupt einen Punkt im Kreissektor haben, laufen in Richtung der x-Achse ein. Da δ beliebig klein sein konnte, so sind nur noch Kurven möglich, die in Richtung der y-Achse einlaufen. Zunächst gilt: höchstens eine Integralkurve kann in Richtung der positiven y-Achse einlaufen. Beweis: Die Gleichung

$$\frac{dx}{dy} = f(y, x) = \frac{x + \eta_2}{ay + \eta_1}$$

betrachten wir in einem Gebiete, wo der Nenner sicher von Null verschieden ist und $\lim \frac{x}{y} = 0$ gilt. Dort ist dann

$$f(y, x_1) - f(y, x_2) = \frac{x_1 + \eta_{2,1}}{ay + \eta_{1,1}} - \frac{x_2 + \eta_{2,2}}{ay + \eta_{1,2}}$$

$$= \frac{ay(x_1 - x_2) + ay(\eta_{2,1} - \eta_{2,2}) + x_1\eta_{1,2} - x_2\eta_{1,1} + \eta_{2,1}\eta_{1,2} - \eta_{1,1}\eta_{2,2}}{(ay + \eta_{1,1})(ay + \eta_{1,2})}$$

$$= \frac{x_1 - x_2}{ay} \cdot \frac{ay}{ay + \eta_{1,1}} \cdot \frac{ay}{ay + \eta_{1,2}} + \frac{ay(\eta_{2,1} - \eta_{2,2})}{(ay + \eta_{1,1})(ay + \eta_{1,2})}$$

$$+ \frac{(x_1 - x_2)\eta_{1,2} - x_2(\eta_{1,1} - \eta_{1,2})}{(ay + \eta_{1,1})(ay + \eta_{1,2})} + \frac{\eta_{2,1}\eta_{1,2} - \eta_{1,1}\eta_{2,2}}{(ay + \eta_{1,1})(ay + \eta_{1,2})}.$$

Mit $\varepsilon(y)$ werden Funktionen bezeichnet, die gegen Null gehen für $y \to 0$. Wir bleiben jetzt in einem Gebiete, wo $\lim \frac{x}{y} = 0$ gilt. Dort ist

$$\eta(x, y) = \varepsilon(y)\, y,$$

daher

$$f(y, x_1) - f(y, x_2) = \frac{x_1 - x_2}{ay}(1 + \varepsilon_1) + \frac{\eta_{2,1} - \eta_{2,2}}{ay}(1 + \varepsilon_2)$$

$$+ \frac{(x_1 - x_2)\eta_{1,2}}{a^2y^2}(1 + \varepsilon_3) - \frac{x_2(\eta_{1,1} - \eta_{1,2})}{a^2y^2}(1 + \varepsilon_4)$$

$$+ \frac{\eta_{2,1}\eta_{1,2} - \eta_{1,1}\eta_{2,2}}{a^2y^2}(1 + \varepsilon_5).$$

Gemäß der Voraussetzung ist

$$\left|\frac{\eta_{2,1} - \eta_{2,2}}{ay}(1 + \varepsilon_2)\right| < \vartheta_0 \frac{a-1}{a} \left|\frac{x_1 - x_2}{ay}\right| ; \; 0 < \vartheta_0 < 1$$

$$|\eta_{2,1}\eta_{1,2} - \eta_{1,1}\eta_{2,2}| = |\eta_{1,2}(\eta_{2,1} - \eta_{2,2}) - \eta_{2,2}(\eta_{1,1} - \eta_{1,2})| < \varepsilon y C\, |x_1 - x_2|$$

$$\left|\frac{x_2(\eta_{1,1} - \eta_{1,2})}{a^2y^2}\right| < \left|\frac{x_2}{y} C \frac{(x_1 - x_2)}{y}\right| < \frac{\varepsilon(x_1 - x_2)}{y}.$$

Daher $f(y, x_1) - f(y, x_2) =$

$$\frac{x_1 - x_2}{y}\left(1 - \frac{a-1}{a} + \varkappa(y, x_1, x_2)\frac{a-1}{a} + \varepsilon\right); |\varkappa| \leqq \vartheta_0' < 1.$$

Nun ist

$$\psi = -\frac{a-1}{a} + \varkappa\frac{a-1}{a} + \varepsilon$$

stets negativ, und daher kann es nach dem Eindeutigkeitskriterium von S. 33 (das auch gültig bleibt, wenn alle Voraussetzungen nur in einem kleinen Winkelraum gelten) höchstens eine Integralkurve $x(y)$ mit $x'(0) = 0$ geben. Jetzt zeigen wir, daß es wirklich eine gibt. In einer genügend kleinen Kreisumgebung um 0 kann keine Integralkurve ein Extremum der Entfernung haben in einem Punkte $\neq 0$. Es müßte nämlich dort

$$\begin{aligned}\tfrac{1}{2}d(x^2 + y^2) &= dt(x(x + \eta_2) + y(ay + \eta_1)) \\ &= dt(x^2 + ay^2 + x\eta_2 + y\eta_1)\end{aligned}$$

verschwinden, was wegen (α) offenbar unmöglich ist. Es gibt also in der kleinen Kreisumgebung keine Integralkurve, die von einem Punkte aus innerhalb des Kreises gleichzeitig in Richtung der positiven und in Richtung der negativen x-Achse einläuft. Wir können daher von positiven und von negativen Punkten sprechen.

Es gilt: Die Menge der positiven Punkte ist eine innere Punktmenge..

Beweis: Zunächst sind alle Punkte eines festen Kreissektors $-\frac{\pi}{2} + \delta \leqq \varphi \leqq \frac{\pi}{2} + \delta$, $o < r \leqq r_0(\delta)$ positive Punkte. Ist P_0 irgend ein positiver Punkt, so läuft die Kurve durch P_0 einmal in den δ-Kreissektor ein. P_1 sei ein Kurvenpunkt, der zugleich innerhalb des Sektors liegt. Eine Umgebung von P_1 besteht aus lauter positiven Punkten. Zu jeder Umgebung $\mathfrak{U}_1$ von P_1 läßt sich aber (nach einem Satze von Bendixson) eine Umgebung $\mathfrak{U}_0$ von P_0 finden, so daß alle Kurven, die

Punkte von $\mathfrak{U}_0$ haben, auch Punkte von $\mathfrak{U}_1$ haben, also in 0 in Richtung der positiven x-Achse einlaufen. $\mathfrak{U}_0$ besteht also aus positiven Punkten. Entsprechend bilden die negativen Punkte eine innere Menge. Auf einem Kreisbogen $r = r^0$, $\frac{\pi}{2} - \delta \leqq \varphi \leqq \frac{\pi}{2} + \delta$ sind sowohl positive wie negative Punkte. Die Argumente φ der positiven Punkte haben eine obere Grenze φ^0. Der Punkt $P^0 = (r^0, \varphi^0)$ kann offenbar weder positiv noch negativ sein. Die Integralkurve durch P^0 muß (es gibt kein Extremum der Entfernung) in 0 einlaufen; sie ist also die noch mögliche Integralkurve, die in Richtung der positiven y-Achse einläuft. Damit ist die Invarianz für $a > 1$ gezeigt.

7/3) $$(x - 4y\sqrt{|xy|})\,dy + (y - 4x\sqrt{|xy|})\,dx = 0.$$

Es ist durch Integration zu zeigen, daß es außer den Koordinatenachsen noch Integralkurven durch den Nullpunkt gibt.

7/4) $$\frac{dr}{d\varphi} = -r^2.$$

Kurvenbild um den Nullpunkt?

7/5 $$\frac{dr}{d\varphi} = r^2 \cdot \sin\frac{1}{r}.$$

Grenzzyklen!

7/6) $$\frac{dy}{dx} = \frac{y + \dfrac{2x}{\log(x^2 + y^2)}}{x - \dfrac{2y}{\log(x^2 + y^2)}}$$

hat das Bild eines Strudelpunktes!

7/7) $$x \cdot y' = y - \frac{x}{\log\dfrac{1}{|x|}}$$

hat nur Integrale, die in Richtung der y-Achse einlaufen.

$$7/8) \qquad xy' = y - \frac{x \cdot \cos \log \frac{1}{2} \frac{1}{|x|}}{\log \frac{1}{|x|}}$$

hat keine Integralkurve, die in fester Richtung in den Nullpunkt einmündet.

Lösungen.

7/1) Es ist (s. G. D. 41) $\varkappa_1 = \frac{\frac{\alpha}{\beta} + \alpha_1}{\alpha_2 - \alpha_1}$

Aus $\alpha + \beta\alpha_1 = 0$ folgt wegen $a + (b - \alpha)z - \beta z^2 = 0$ für $z = \alpha_1$, daß auch $a + b\alpha_1 = 0$ gilt. Das ergibt die Behauptung.

7/2) Nach G. D. S. 47 läßt sich das allgemeine Integral schreiben $r = C \cdot e^{\varkappa\varphi}$, wobei (r, φ) die Polarkoordinaten der neuen Koordinaten $(tx = \xi,\ y - sx = \eta)$ sind. Daraus gewinnt man die Differentialgleichung $\frac{dr}{d\varphi} = r \cdot \varkappa$

$$\frac{d\eta}{d\xi} = \frac{\frac{d\eta}{d\varphi}}{\frac{d\xi}{d\varphi}} = \frac{\frac{dr}{d\varphi} \sin \varphi + r \cdot \cos \varphi}{\frac{dr}{d\varphi} \cos \varphi - r \sin \varphi} = \frac{\varkappa\eta + \xi}{\varkappa\xi - \eta}.$$

7/3) Integration ergibt $\sqrt{|xy|} \cdot \text{sign.}\,(xy) = x^2 + y^2 + C$. Zu den Lösungen $x = 0$ und $y = 0$ tritt hier noch (für $C = 0$) eine Lemniskate mit dem Doppelpunkt im Nullpunkt, deren Äste die Achsen berühren.

7/4) $\quad r = \frac{1}{\varphi + C}$. Strudelpunkt.

7/5) Die Kreise $r = \frac{1}{n\pi}$ sind singuläre Lösungen. Aus dem allgemeinen Integral

$$\int_{r_0}^{r} \frac{d\varrho}{\varrho^2 \sin \frac{1}{\varrho}} = \varphi + C = -\int \frac{dt}{\sin t} = -\log tg \frac{1}{2\varrho}\Big|_{r_0}^{r}$$

ergeben sich für

$$\frac{1}{n\pi} > r_0, r > \frac{1}{(n+1)\pi}$$

und beliebige C diejenigen nicht geschlossenen Integralkurven, die sich an die Grenzzyklen $r = \frac{1}{n\pi}$ und $r = \frac{1}{(n+1)\pi}$ heranwinden.

7/6). Einführung der Polarkoordinaten:

$$\frac{dr}{d\varphi} = r \cdot \log r; \quad \varphi = C + \log\log\frac{1}{r}. \qquad \text{Strudelpunkt!}$$

7/7) und 7/8) sind lineare Differentialgleichungen, aus deren allgemeinem Integral sich leicht die Behauptungen ergeben. Zum Zeichnen des Richtungsfeldes beachtet man $p = tg\,\varphi + \varepsilon(|x|)$. Man wende auch die Berührungstransformation 1 S. 30 an und vergleiche die Kurvenbilder.

Kapitel II. Differentialgleichungen höherer Ordnung.

§ 1. Nichtlineare integrable Typen.

1) $$y'' + y' \cdot \operatorname{tg} x - \sin 2x = 0.$$

Die Gleichung enthält nicht y, ist also von 1. Ordnung in $p = y'$.

Lösung: $y = c_1 \sin x - x - \frac{1}{2}\sin 2x + c_2$.

2) $$yy'' + e^{2x} \cdot y'^2 + \cos x \cdot y' y = 0.$$

Die Gleichung ist homogen in y, y', y''. $y'/y = u$ setzen:

$$u' + u^2 + e^{2x} \cdot u^2 + \cos x \cdot u = 0.$$

Das ist eine Bernoullische Gleichung für u.

$$u^{-1} = e^{\sin x} \cdot \int e^{-\sin x} \cdot (1 + e^{2x})\, dx + C_1 \cdot e^{\sin x}$$

$$y = C_2 \cdot e^{\int u(x)\,dx}.$$

3) $$y \cdot y'' - y'^2 + \sin 2x \cdot e^{3x} \cdot y^2 + 5y' y = 0.$$

Wie in 2.

$$u' + 5u + \sin 2x \cdot e^{3x} = 0$$

$$34u = (-4 \cdot \sin 2x + \cos 2x) \cdot e^{3x} + C_1 \cdot e^{-5x}.$$

4) $$(3-y)\,y''-y'^2+4yy'=0$$

x kommt nicht vor. Also: $y'=p(y)$

$$p\left((3-y)\frac{dp}{dy}-p+4y\right)=0.$$

a) $p=0,\ y=c_1$.

b) $$p=\frac{C_1}{y-3}+\frac{2y^2}{y-3}\,;\ x+C_2=\int\frac{(y-3)\,dy}{C_1+2y^2}.$$

5) $$y''+ay'^2+by=0;\ y'=p(y).$$

$p\dfrac{dp}{dy}+ap^2+by=0$; linear in $u=p^2$; $u'+2au+2by$; $p^2=u=-b/a+c_1\exp(-2ay)$; $dx=dy:\sqrt{u(y)}$; Quadratur ergibt das allgemeine Integral:

$$x=\int dy:\sqrt{u(y)}+C_2=\frac{1}{a}\int\frac{dv}{v^2-c^2};\ v=\sqrt{u(y)}.$$

Homogene Differentialgleichungen.

In der Physik sagt man von einer Größe, sie besitze bezüglich m die Dimension 2, wenn sie sich mit t^2 multipliziert, falls das Maß m in $t\,m$ geändert wird, für jede beliebige Zahl t. Allgemeiner kann man von einer Funktion $f(x)$ sagen, sie besitze bezüglich x die Dimension r, wenn identisch in t

$$f(tx)=t^r\cdot f(x).$$

Man sagt auch: f ist homogen in x vom Grade r. In einer Funktion von mehreren unabhängigen Veränderlichen $F(x, y, z, \ldots)$ kann man willkürlich jeder Veränderlichen eine Dimension beilegen, etwa x die Dimension α, y die Dimension β usw. F hat die Dimension r, wenn

$$F(t^\alpha x, t^\beta y, t^\gamma z, \ldots)=t^r\cdot F(x, y, z, \ldots)$$

ist.

Schreibt man in einer Differentialgleichung x die Dimension α zu, y die Dimension β, so hat offenbar $y^{(\varkappa)}$ die Dimension $\beta - \varkappa\alpha$. Gilt also für die Differentialgleichung $F(x, y, y', y'') = 0$ die Identität:

$$F(t^\alpha x, t^\beta y, t^{\beta-\alpha} y', t^{\beta-2\alpha} \cdot y'') = t^r F(x, y, y', y''),$$

so heißt F homogen (oder gleichgradig) vom Grade r. Dann läßt sich die Ordnung von $F = 0$ um eins erniedrigen durch die Transformation ($\alpha \neq 0$)

$$\xi = \frac{1}{\alpha} \log|x|; \; \eta = y \cdot |x|^{-\frac{\beta}{\alpha}}, \text{ anders geschrieben:}$$

$$|x| = e^{\alpha\xi}, \; y = e^{\beta\xi} \cdot \eta$$

$$\frac{dy}{dx} = \frac{dy}{d\xi} \cdot \frac{d\xi}{dx} = \left(\beta \cdot e^{\beta\xi} \cdot \eta + e^{\beta\xi} \cdot \frac{d\eta}{d\xi}\right) \cdot \frac{1}{\alpha} \cdot e^{-\alpha\xi}$$

$$= \frac{1}{\alpha} \cdot e^{(\beta-\alpha)\xi} \cdot \left(\beta\eta + \frac{d\eta}{d\xi}\right); \; \frac{d}{dx}\left(\frac{dy}{dx}\right) = \frac{d}{d\xi}\left(\frac{dy}{dx}\right) \cdot \frac{d\xi}{dx}$$

$$= \frac{d}{d\xi}\left(\frac{1}{\alpha} \cdot e^{(\beta-\alpha)\xi} \cdot \left(\beta\eta + \frac{d\eta}{d\xi}\right)\right) \cdot \frac{1}{\alpha} \cdot e^{-\alpha\xi}$$

$$= \frac{\beta-\alpha}{\alpha^2} \cdot e^{(\beta-2\alpha)\xi} \cdot \left(\beta\eta + \frac{d\eta}{d\xi}\right) + \frac{1}{\alpha^2} \cdot e^{(\beta-2\alpha)\xi}\left(\beta\frac{d\eta}{d\xi} + \frac{d^2\eta}{d\xi^2}\right)$$

$$= \frac{1}{\alpha^2} e^{(\beta-2\alpha)\xi} \cdot \left\{(\beta^2 - \alpha\beta)\eta + (2\beta - \alpha)\frac{d\eta}{d\xi} + \frac{d^2\eta}{d\xi^2}\right\}.$$

Für $t = e^{-\xi}$ ergibt sich aus der obigen Identität

$$0 = e^{r\xi} F(x, y, y', y'') =$$

$$F\left(1, \eta, \frac{1}{\alpha} \cdot \left(\beta\eta + \frac{d\eta}{d\xi}\right), \frac{1}{\alpha^2}\left((\beta^2 - \alpha\beta)\eta + (2\beta-\alpha)\frac{d\eta}{d\xi} + \frac{d^2\eta}{d\xi^2}\right)\right),$$

d. h. eine Gleichung $f\left(\eta, \frac{d\eta}{d\xi}, \frac{d^2\eta}{d\xi^2}\right) = 0$, in der die Variable ξ nicht vorkommt, und die sich also in der Ordnung um 1 erniedrigen läßt. Es bedeutet, wie man sieht, für $\alpha \neq 0$ keine Einschränkung $\alpha = 1$ zu wählen.

Beispiel. $3x^4 y'' - 3x^3 y' - x^2 y'^2 + 4y^2 = 0$.

Die Dimension von y sei β. Sollen der erste und letzte Summand gleiche Dimensionen haben, so muß sein $2\beta = 4 + \beta - 2$, also $\beta = 2$. Dann haben alle Summanden die Dimension 4.

$x = e^{\xi}, \quad y = e^{2\xi} \cdot \eta$

$3 \cdot (2\eta + 3\eta' + \eta'') - 3(2\eta + \eta') - (2\eta + \eta')^2 + 4\eta^2 = 0$

$3\eta'' + 6\eta' - 4\eta\eta' - \eta'^2 = 0.$

η wird unabhängige Veränderliche. $\eta' = p$ die unbekannte Funktion.

$$3p \cdot \frac{dp}{d\eta} + 6p - 4\eta p - p^2 = 0.$$

$$p = 0; \quad 3 \cdot \frac{dp}{d\eta} - p + 6 - 4\eta = 0.$$

Aus $p = 0$ folgt $\eta = c_1$, d. h. $y = c_1 \cdot x^2$. Die zweite Gleichung ergibt

$$p = c_1 \cdot exp(\eta/3) - 4\eta - 6$$

$$d\xi = \frac{d\eta}{c_1 \cdot exp(\eta/3) - 4\eta - 6}$$

$$\xi - \int \frac{d\eta}{c_1 \cdot exp(\eta/3) - 4\eta - 6} - c_2 = 0.$$

Das allgemeine Integral hat die Gestalt

$$\psi(\xi, \eta, c_1, c_2) = \psi\left(\log|x|, \frac{y}{x^2}, c_1, c_2\right) = \varphi(x, y, c_1, c_2) = 0.$$

Die Quadratur läßt sich für $c_1 = 0$ durchführen.

Exakte Differentialgleichungen.

Eine Differentialgleichung $F = 0$ heißt exakt, wenn es eine Funktion $\Phi(x, y, \ldots y^{(n-1)})$ gibt, so daß $F = \frac{d}{dx}(\Phi)$. Offensichtlich ist dann F linear in $y^{(n)}(x)$. Multiplikator einer Differentialgleichung $F = 0$ heißt eine Größe $u\ (x, y, \ldots y^{(n-1)})$ derart, daß $u \cdot F$ exakt ist. Offenbar läßt sich bei einer exakten

Differentialgleichung die Ordnung um 1 erniedrigen. Wegen $u \cdot F = \frac{d}{dx}(\Phi)$ ist eine Lösung von $F = 0$ zugleich auch Lösung von $\Phi = c$, es sei denn, daß sie zugleich Lösung von $u^{-1} = 0$ ist. Es genügt daher, die beiden Differentialgleichungen niedrigerer Ordnung $\Phi = c$ und $u^{-1} = 0$ zu kennen. Es gibt natürlich keine Methode, einen Multiplikator zu finden. Aber man kann immer feststellen, ob eine vorgelegte Gleichung $F(x, y, y', \ldots y^{(n)}) = 0$ exakt ist. Zunächst muß sie linear in $y^{(n)}$ sein. Sei das der Fall: $F = F_1 \cdot y^{(n)}(x) + F_2$; $F_{1,2}(x, y, \ldots y^{(n-1)})$.

Es sei $\Phi_1(x, y, y', \ldots y^{(n-1)}) = \int F_1(x, \ldots y^{(n-1)})\, \partial y^{(n-1)}$. (Beim Integrieren ist $y^{(n-1)}$ die einzige Variable, alles andere konstant.) Φ_1 ist bis auf eine additive, nur von $x, y, \ldots, y^{(n-2)}$ abhängige Größe bestimmt. Es ist $f = F - \frac{d\Phi_1}{dx}$ zugleich mit F exakt oder nicht exakt, enthält aber nur $x, y, \ldots, y^{(n-1)}$. Mit f verfährt man so wie mit F. Nach höchstens n Schritten hat man festgestellt, von welchem Ausdruck $\Phi(x, y, \ldots, y^{(n-1)})$ das gegebene F totale Ableitung ist oder aber daß F nicht exakt ist.

Beispiel: $2xyy'y'' - y^2y'' + xy'^3 - yy'^2 - 2yy' + 2x \equiv F$

$$F_1 = 2xyy' - y^2; \quad \Phi_1 = xyy'^2 - y^2y'; \quad F - \frac{d\Phi_1}{dx} = 2x;$$

$$F = \frac{d}{dx}(\Phi_1 + x^2).$$

Schreibt man die Differentialgleichung $F \equiv F_1 y^{(n)} + F_2 = 0$ als ein System: $y_i' = y_{i+1}$ $(i = 1, \ldots, n-1)$, $F_1(x, y_1, \ldots, y_n)\, y_n' + F_2(x, y_1, \ldots, y_n) = 0$, so ergibt Exaktheit von $F\left(= \frac{d\Phi}{dx}\right)$ unmittelbar ein Vorintegral: $\Phi(x, y_1, \ldots, y_n) = c$ (s. P. D. S. 8). Doch ist die konstruktive Herleitung eines Vorintegrals bei einem allgemeinen Simultansystem erster

Ordnung nur ausnahmsweise möglich. Für den hier wichtigen Zusammenhang zwischen dem vollständigen Integral einer partiellen Differentialgleichung erster Ordnung und dem Integral des zugehörigen gewöhnlichen Simultansystems, des sog. Charakteristikensystems, wird auf P. D. S. 10, 14 verwiesen.

Es wird t an Stelle von x und x_i für y_i geschrieben.

$$\frac{dx_1}{dt} = f_1(x_1, \ldots, x_n); \ldots; \quad \frac{dx_n}{dt} = f_n(x_1, \ldots x_n) \tag{14}$$

$$\text{oder} \quad \frac{dx_1}{f_1} = \frac{dx_2}{f_2} = \frac{dx_n}{f_n} (= dt)$$

ist das System für die unbekannten Funktionen $x_1(t), \ldots, x_n(t)$. Die f enthalten also nicht t. Übrigens läßt sich jedes System auf diese Form bringen, indem t als neue Veränderliche x_{n+1} bezeichnet wird. Das allgemeine Integral von (14) läßt sich entweder explizit aufschreiben

$$(\alpha) \quad x_1 = \psi_1(t; c_1, \ldots, c_n); \ \ldots; \ x_n = \psi_n(t; c_1, \ldots, c_n)$$

(dabei bedeutet etwa c_i den Wert von x_i für $t = 0$) oder in impliziter Form

$$(\beta) \quad \Phi_1(x_1, \ldots, x_n) = C_1, \ldots, \Phi_{n-1}(x_1, \ldots, x_n) = C_{n-1}.$$

Die implizite Darstellung ist für alle Anwendungen wichtiger; aber natürlich kann man aus der einen die andere gewinnen. In der Tat ist in (β), da ja die Φ_i unabhängig sein müssen, falls wirklich das allgemeine Integral vorliegen soll, eine $(n-1)$-reihige Funktionaldeterminante verschieden von Null, also etwa

$$\frac{\partial(\Phi_1, \ldots, \Phi_{n-1})}{\partial(x_1, \ldots, x_{n-1})}.$$

Mithin lassen sich die $x_1, \ldots, x_{n-1}$ als Funktionen von x_n und den C darstellen

$$x_i = \varphi_i(x_n; C_1, \ldots, C_{n-1}) \ (i = 1, \ldots, n-1).$$

Dazu fügen wir

$$x_n = t + c_n; \quad \text{setzen } C_i = \Phi_i(c_1, \ldots, c_n)$$

und erhalten so

$$x_i = \varphi_i(t + c_n;\, C_1, \ldots, C_{n-1}) = \psi_i(t, c_1, \ldots, c_n)$$
$$(i = 1, \ldots, n-1),\; x_n = t + c_n (= \psi_n).$$

Damit ist aus Form (β) die Form (α) erreicht. Wie man von (α) zu (β) kommt, ist in P. D. S. 7, 8 gezeigt. In der Praxis verfährt man einfach so, daß man die bequemste Möglichkeit sucht, t zu eliminieren. In den übrigbleibenden ($n-1$)-Gleichungen werden sich dann von selbst die $c_1, \ldots, c_n$ durch ($n-1$) Konstante ersetzen lassen, nach denen man auflöst.

$$\frac{dx}{y+z} = \frac{dy}{x+z} = \frac{dz}{x+y} \;(= dt).$$

Aus Symmetriegründen findet man hier leicht ein Vorintegral. Es ist

$$\begin{aligned} d(x-y) &= (y-x)\,dt; & (x-y)\,e^t &= c_1 \\ d(x-z) &= (z-x)\,dt; & (x-z)\,e^t &= c_2. \quad (\alpha') \\ d(y-z) &= (z-y)\,dt; & (y-z)\,e^t &= c_3 \end{aligned}$$

$$(\beta')\quad h_1 = \frac{x-y}{x-z} = C_1; \qquad h_2 = \frac{x-y}{y-z} = C_2.$$

Aus (α') läßt sich natürlich leicht x, y, z als Funktion von t gewinnen. Da mit h_1 und h_2 ja auch $w(h_1, h_2)$ Vorintegral wird, so kann man leicht zu einem scheinbar ganz anderen Resultat kommen. Z. B. ist

$$d(x+y+z) = 2(x+y+z)\,dt; \quad x+y+z = e^{2t} c_4.$$

Also z. B.

$$\overline{h_1} = (x+y+z)(x-y)^2 = \overline{C_1} (= c_4 c_1^2);$$
$$\overline{h_2} = (x+y+z)(2x-y-z)^2 = \overline{C_2} \left(= c_4 (c_1 - c_2)^2\right).$$

Es ist keineswegs immer leicht zu erkennen, daß sich die anderen Vorintegrale durch die alten ausdrücken lassen, da das allgemeine Kriterium — Verschwinden von Funktionaldeterminanten — unhandlich ist.

Hat man in einem Simultansystem ein Vorintegral h_1 gefunden, so kann man nunmehr die Ordnung des Systems um eins erniedrigen. Man rechnet in $h = c_1$ eine Veränderliche, z. B. x_n aus: $x_n = \varphi(x_1, \ldots, x_{n-1}, c_1)$ und erhält das System

$$\frac{dx_1}{f_1^*} = \ldots = \frac{dx_{n-1}}{f_{n-1}^*}; \quad f_i^* = f_i(x_1, \ldots, x_{n-1}, \varphi).$$

Ist hier

$$h_i^*(x_1, \ldots, x_{n-1}, c_1) = c_i (i = 2, \ldots, n)$$

das allgemeine Integral, so ist

$$h_1 = c_1; \quad h_i(x_1, \ldots, x_n) = h_i^*(x_1, \ldots, x_{n-1}, h_1) = c_i \quad (i = 2, \ldots, n)$$

das allgemeine Integral des ursprünglichen Systems. Bsp.:

$$\frac{dx}{x} = \frac{dy}{2x + 3y} = \frac{dz}{5y - x + 2z}; \; (2x + 3y)\, dx = x\, dy \text{ führt zu}$$

$$y = -x + c_1 x^3 \quad \text{d. h.} \quad h_1 \equiv (x + y)\, x^{-3} = c_1$$

$$\frac{dx}{x} = \frac{dz}{-5(x - c_1 x^3) - x + 2z}$$

ergibt

$$x \frac{dz}{dx} = 2z - 6x + 5c_1 x^3,$$

woraus

$$z = c_2 x^2 + 6x + 5\, c_1 x^3.$$

$$h_2^* = \frac{z - 6x - 5c_1 x^3}{x^2} = c_2; \quad h_2 = \frac{z - 11x - 5y}{x^2} = c_2.$$

Eine Parameterdarstellung ergibt sich sofort für $x = t + c_3$; $y = -t - c_3 + c_1(t + c_3)^3$; $z = 11(t + c_3) + 5(-t - c_3 + c_1(t + c_3)^3) + c_2(t + c_3)^2$. Man könnte natürlich auch direkt zu einer Parameterdarstellung kommen, wenn man das System als lineares auffaßt

$$\frac{dx}{dt} = x; \quad \frac{dy}{dt} = 2x + 3y; \quad \frac{dz}{dt} = 5y - x + 2z$$

und nach G. D. 83, 84 verfährt.

Der Zusammenhang zwischen einer partiellen Diffgl. und dem zugehörigen Charakteristikensystem wird besonders einfach bei den linearen Diffgl.. Die Gleichung

$$(\gamma) \qquad f(x, y, z)\, p + g(x, y, z)\, q - h(x, y, z) = 0$$

fordert, daß die Normale an eine Integralfläche orthogonal ist zum Vektor (f, g, h). Andererseits liefert das Simultansystem

$$(\gamma') \qquad \frac{dx}{f} = \frac{dy}{g} = \frac{dz}{h}$$

als Lösungen Kurven, deren Tangenten parallel dem Vektor (f, g, h) sind. Ist $\varphi_1(x, y, z) = c_1$, $\varphi_2(x, y, z) = c_2$ das Integral von (γ'), so sind $\omega(\varphi_1, \varphi_2) = 0$ Flächen durch Kurven von (γ'). Durch jeden Punkt einer solchen Fläche geht eine Kurve (γ'); deren Tangentenrichtung ist also $f : g : h$. Die Normale der Fläche steht daher senkrecht dazu; die Fläche ist also Lösungsfläche von (γ). Die Integration von (γ') ist zugleich Integration von (γ).

$$xp - q - (y + z) = 0; \quad \frac{dx}{x} = \frac{dy}{-1} = \frac{dz}{y + z}.$$

Aus $x^{-1}dx + dy = 0$ folgt $\log x + y = \bar{c}_1$ oder $xe^y = \varphi_1 = c_1$; aus $(y + z)dy + dz = 0$, einer für z linearen Gleichung, folgt

$$z = -y + 1 + c_2 e^{-y} \quad \text{oder} \quad (z + y - 1)e^y = \varphi_2 = c_2.$$

$$\varphi = \omega(\varphi_1, \varphi_2) = 0 \quad \text{bzw.} \quad \varphi_2 = \omega(\varphi_1) \quad \text{d. h.} \quad z = 1 - y + e^{-y}\omega(xe^y)$$

ist das allgemeine Integral. In (γ) hat die z-Koordinate insofern eine bevorzugte Stellung, weil die Fläche durch die Parameter x, y darstellbar vorausgesetzt wird. Die allgemeinste Bedeutung von (γ) wäre natürlich: Gesucht alle Flächen $x = x(u, v)$, $y = y(u, v)$, $z = z(u, v)$, deren normale Richtung orthogonal zu $f : g : h$ ist. Die Fläche $\omega(\varphi_1, \varphi_2) = \varphi_1 - 1$, d. h. $x = e^{-u}$, $y = u$, $z = v$ erfüllt diese Bedingung, ist also Integralfläche (p und q sind beide unendlich). Bsp.:

$$(z^2 - 2yz - y^2)\,p + (xy + xz)\,q = xy - xz,$$

$$\frac{dx}{z^2 - 2yz - y^2} = \frac{dy}{x(y + z)} = \frac{dz}{x(y - z)}$$

$$\frac{dy}{y + z} = \frac{dz}{y - z}; \quad y\,dy - z\,dz - (z\,dy + y\,dz) = 0;$$

$$\varphi_1 = y^2 - z^2 - 2yz = c_1.$$

Wir müssen y bzw. z ausmerzen mit Hilfe von $\varphi_1 = c_1$, oder wir müssen eine integrable Kombination von dx, dy, dz suchen.

$$\frac{x\,dx}{c_1 + 2(z^2 - y^2)} = \frac{dy}{y + z} = \frac{dz}{y - z}.$$

Da zur Benutzung von $\varphi_1 = c_1$ quadratische Glieder in y und z nötig sind, bildet man $x\,dx = (c_1 + 2(z^2 - y^2))\,dt$; $y\,dy = (y^2 + zy)\,dt$; $z\,dz = (zy - z^2)\,dt$. Man sieht sofort

$$x\,dx + y\,dy + z\,dz = (c_1 - c_1)\,dt = 0,$$

$$\varphi_2 = x^2 + y^2 + z^2 = c_2.$$

$\omega(\varphi_1, \varphi_2) = 0$ ist das allgemeine Integral.

Daß $\varphi = \omega(\varphi_1, \varphi_2)$ alle Lösungen der Gleichung

$$(\delta) \qquad f\varphi_x + g\varphi_y + h\varphi_z = 0$$

enthält, ist P. D. 7 gezeigt. Sind auch $\omega(\varphi_1, \varphi_2) = 0$ alle Lösungen von (γ)? Das heißt: ist für jede Lösung $\varphi = 0$ von (γ) auch φ eine Lösung von (δ)? Das ist nur dann der Fall, wenn $\varphi = 0$ eine solche Lösung von (γ) ist, für die die Gleichung (γ) identisch in x, y, z gilt. Es kann aber auch sein, daß die Gleichung (γ) nur unter Berücksichtigung der Relation $\varphi = 0$ erfüllt ist. Dann heißt φ ein spezielles Integral und es braucht nicht (δ) erfüllt zu sein, also auch nicht φ in der Form $\omega(\varphi_1, \varphi_2)$ darstellbar zu sein. Vielfach ist es dann aber so, daß $\varphi_1 = \varphi\,\Theta(x, y, z)$, wo $\Theta \neq 0$ ist, zum allgemeinen Integral von (δ) gehört. Beispiel:

$$x(z^2 - x^2 - y^2)\,q + y(zp - x) = 0$$

$$\frac{dx}{yz} = \frac{dy}{x(z^2 - x^2 - y^2)} = \frac{dz}{xy}$$

$$x\,dx - z\,dz = 0; \quad \varphi_1 = z^2 - x^2 = c_1.$$

$$\frac{y\,dy}{c_1 - y^2} = dz; \quad z + \tfrac{1}{2}\log(c_1 - y^2) = c_2^*$$

$\overline{\varphi}_2 = z + \frac{1}{2}\log(z^2 - x^2 - y^2)$; $e^{2\overline{\varphi}_2} = \varphi_2 = (z^2 - x^2 - y^2)\,e^{2z} = c_2$. $\omega(\varphi_1, \varphi_2) = 0$ ist das allgemeine Integral. Andererseits ist $\psi = z^2 - x^2 - y^2 = 0$ eine (spezielle) Lösung; ψ ist nicht als $\omega(\varphi_1, \varphi_2)$ darstellbar, wohl aber die Funktion $\psi e^{2z} = \psi_1$. $\psi_1 = 0$ und $\psi = 0$ sind aber identisch. Ein eingehenderes Studium und einen Versuch zur Klassifikation der speziellen Integrale findet man bei Hill (London Math. Proc. Soc. 1917).

Bei der linearen Gleichung mit n Veränderlichen treten keine neuen Schwierigkeiten auf; $\left(p_i = \frac{\partial z}{\partial x_i}\right)$.

$A_1(x_1, \ldots, x_n) p_1 + \cdots + A_n(x_1, \ldots, x_n) p_n = B(x_1, \ldots, x_n)$ (ε) n unabhängige Integralfunktionen $\varphi_i(x_1, \ldots x_n, z) = c_i$ des Systems

$$\frac{dx_1}{A_1} = \ldots = \frac{dx_n}{A_n} = \frac{dz}{B}$$

ergeben das allgemeine Integral $\omega(\varphi_1, \ldots, \varphi_n) = 0$ von (ε).

$p_1 + p_2 + p_3 = 2z$; $\frac{dx_1}{1} = \frac{dx_2}{1} = \frac{dx_3}{1} = \frac{dz}{2z}$; $\varphi_1 = x_1 - x_2$; $\varphi_2 = x_1 - x_3$; $\varphi_3 = ze^{-2x_1}$; $\omega(\varphi_1, \varphi_2, \varphi_3) = 0$, insbesondere $z = e^{2x_1}\omega(x_1 - x_2, x_1 - x_3)$ ist das allgemeine Integral.

Aufgaben.

1) $yy'' = y'^2 + y'$; 2) $y^3 y'' + 1 = 0$.

Zur Abkürzung schreibt man oft r für $y''(x)$.

3) Wann ist $r \cdot f(x, y, p) + g(x, y, p)$ exakt?

4) $2xyr = -2xp^2 + yp$. 5) $ry - p^2 = 0$.

6) $r - f(x) \cdot g(p) = 0$. 7) $r - f(y) \cdot g(p) = 0$.

8) $2r + p - 1 + r\,\frac{y - x}{p} = 0$.

9) $yr + p^2 + 4 = 0$; Kurvenbild.

10) $2yp^2 - y^2 r - 2p^3 r = 0$.

11) $px - y + x^2 r = r(px - y)(3px - y)$.

12) $xyy'' - 2xy'^2 - ayy' = 0$.

13) $pr - x^2 yp - xy^2 = 0$.

14) $(y^2 + x^2)r + 2yy'^2 + 4xy' + 2y = 0$.

15) $(y^2 y' + 4x^2)y'' + yy'^3 + 12xy' + 4y = 0$.

16) $y''^2 = ay + b$. 17) $xy'' + yy' = 0$.
18) $xy'' - 2x^2y'^2 + 2y' + 2y^2 = 0$.
19) $xy'' = a(xy' - y)^m$. 20) $xy'' - y''^2 - y' = 0$.

Die folgenden Simultansysteme sind zu integrieren, die zugehörigen partiellen Diffgl. anzugeben, sowie deren allgemeines Integral.

21) $$\frac{dx}{x(x^2-y^2)+4xy^2} = \frac{dy}{4x^2y - y(x^2-y^2)} = \frac{dz}{2(x^2+y^2)z}.$$

22) $$\frac{dx}{\sqrt{X} - z + 1} = \frac{dy}{\sqrt{X} - z - 1} = dz. \quad (X = z^2 + x + y).$$

23) $$\frac{dx}{2yz} = \frac{dy}{-xz} = \frac{dz}{-xy}.$$

Lösungen.

1) x fehlt. $p = p(y)$, $r = p'(y) \cdot p$, $p(yp'(y) - p - 1) = 0$; $p = 0$, d. h. $y = c$; $yp' - p = 1$, d. h. $p = -1 + c_1 y$, d. h. $y = c_1^{-1} + c_2 e^{c_1 x}$. (Hierin ist $y = c$ enthalten für $c_2 = 0$.)

2) $y^3 \frac{dp}{dy} p = -1$; $p^2 = y^{-2} + c_1$; $dx = dy : \sqrt{c_1 + y^{-2}}$;
$$x = \int \frac{y\,dy}{\sqrt{c_1 y^2 + 1}} + c_2; (x - c_2)^2 - \frac{1}{c_1^2}(c_1 y^2 + 1) = 0.$$

3) $y''\, f(x, y, y') + g(x, y, y')$ soll längs einer beliebigen Kurve $y(x)$ ein totales Differential sein. Da y' und y'' unabhängig vom einzelnen y-Wert sind, so folgt aus $rf + g = \frac{d}{dx}(h(x, y, p))$, daß $h_y = g_p - f_x - f_y p$; $h_x = g - pg_p + pf_x + p^2 f_y$; $h_p = f$, also $h = \int_0^p f \partial p + \varphi(x, y)$ ist, wobei sich wegen $h_x + h_y \cdot p = g$ ergibt:

$$g - \int_0^p f_x \partial p - \int_0^p f_y \partial p \cdot p = \varphi_x + \varphi_y \cdot p. \quad \text{(II)}$$

Daher muß sein

$$g_{pp} - f_{xp} - 2f_y - pf_{yp} = 0. \quad \text{(I)}$$

(I) ist also notwendige Bedingung. Umgekehrt folgt aus (I)

$$g - \int_0^p f_x \partial p - p \int_0^p f_y \partial p = A(x, y)\, p + B(x, y).$$

Offenbar ist $B(x, y) = g(x, y, 0)$ und $A(x, y)$ gleich der Ableitung nach p der linken Seite an der Stelle $p = 0$: $A(x, y) = g_p(x, y, 0) - f_x(x, y, 0)$. φ existiert, wenn $A_x = B_y$ ist. Es muß also

$$g_{px}(x, y, 0) - f_{xx}(x, y, 0) = g_y(x, y, 0) \qquad \text{(I')}$$

sein. (I) und (I') sind also hinreichend. Sie sind auch notwendig, weil (I') aus (II) folgt, indem in (II) nach p und x differenziert und ein andermal nach y differenziert wird.

4) $$2x \frac{d}{dx}(py) = py; \log py = \frac{1}{2} \log x + C;$$
$$py = \bar{c}_1 x^{\frac{1}{2}}; \quad y^2 = c_1 x^{\frac{3}{2}} + c_2.$$

5) $$\frac{d}{dx}\left(\frac{p}{y}\right) = 0; \quad \frac{p}{y} = c_1; \quad y = c_2 e^{c_1 x}.$$

6) $$\frac{dp}{g(p)} = f(x)dx; \int \frac{dp}{g(p)} - \int f(x)\, dx = G(p) - F(x) = c;$$

je nach Bequemlichkeit löst man nach x oder nach p auf. $p = \varphi(x, c_1)$; $y = \int \varphi dx + c_2$; oder $x = H(p, c_1)$; $dy = pH'dp$;

$$\{y = \int pH'dp + c_2 = H_1(p, c_1) + c_2,\ x = H(p, c_1)\}.$$

7) $$p \frac{dp}{dy} = f(y)\, g(p); \int p \frac{dp}{g} - \int f dy = c_1;$$
$$\left\{y = H(p, c_1); x = \int \frac{H'}{p}\, dp + c_2\right\}.$$

8) $$r(2p + y - x) + p^2 - p = \frac{d}{dx}(p^2 + py - xp) = 0;$$
$$p^2 + py - xp = c_1,\ y - x = u; \quad q = u' = p - 1;$$
$(q + 1)^2 + (q + 1)\, u = c_1$; x kommt nicht vor.
$$q + 1 = -\frac{u}{2} \pm \sqrt{\frac{u^2}{4} + c_1};$$
$$x = \int \frac{du}{-1 - \frac{u}{2} \pm \sqrt{\frac{u^2}{4} + c_1}} + c_2, \quad y = u + x(u)$$

9) $d(yp) = -4dx$; $yp = -4x + \bar{c}_1$; $y^2 = -4x^2 + 4c_1 x + \bar{c}_2$
$y^2 + (2x - c_1)^2 = c_2$; alle Ellipsen mit dem Mittelpunkt auf der

x-Achse, deren Achsen sich wie $1:\sqrt{2}$ verhalten, wobei die größere Achse die Richtung der y-Achse hat.

10) $p^2 d\left(\frac{y^2}{p}\right) - p^2 d(p^2) = 0$; 1) $p = 0$; $y = c$ (sing. Integrale)

2) $\frac{y^2}{p} - p^2 = c_1$; $y = \sqrt{c_1 p + p^3}$; $dx = \frac{dy}{p} = \frac{c_1 + 3p^2}{2p\sqrt{c_1 p + p^3}}$ $= \varphi(p, c_1)$; $\{x = \int \varphi(p, c_1)\,dp + c_2;\ y = \sqrt{c_1 p + p^3}\}$.

11) Die B. Tr. $X = p$, $P = x$, $Y = px - y$, ergibt für $R = \frac{dP}{dX}: 0 = dP - R dX = dx - R dp = -R\left(dp - \frac{1}{R}\,dx\right)$; also $\frac{1}{R} = \frac{dp}{dx} = r$. Die geg. Diffgl. geht daher über in

$Y + P^2 R^{-1} = R^{-1} Y(3PX - PX + Y)$; $RY + P^2 = 2PYX + Y^2$; $d(YP - XY^2) = 0$; $YP - XY^2 = c_1$; $Y^2 = U$; $U' - 2XU = 2c_1$;

$$U - (c_2 e^{X^2} + 2c_1 e^{X^2} \int e^{-X^2} dX) = \Phi(X, Y;\ c_1, c_2) = 0.$$

Aus $\Phi = 0$; $\Phi_X + \Phi_Y P = 0$ ergeben sich, wenn die kleinen Buchstaben eingeführt werden, $x = x(p, c_1, c_2)$, $y = y(p, c_1, c_2)$. Das ist das allgemeine Integral.

12) Homogen in y, y', y''; $u = \frac{y'}{y}$, $x(u' + u^2) - 2xu^2 - au = 0$

$$xu' - au - xu^2 = 0;\quad \frac{1}{u} = c_1 x^{-a} - \frac{x}{a+1} \quad \text{für } a \neq -1;$$

$$\log y = \int \frac{1}{c_1 x^{-a} - \frac{x}{a+1}}\,dx + c_2;\quad a = -1:\ \frac{1}{u} = c_1 x - x \log x;$$

$$\log y = \int \frac{dx}{x(c_1 + \log x)} + \bar{c}_2;\ \log y = \log(c_1 + \log x) + \bar{c}_2;$$

$$y = \bar{c}_2 \log x + \bar{c}_1;$$

13) Exakte Gleichung. $p^2 - x^2 y^2 = c_1$. Für $c_1 = 0$ z. B. $y = c \cdot \exp(\pm x^2/2)$.

14) Exakt; $y^2 p + x^2 p + 2xy = c_1$; $\frac{y^3}{3} + x^2 y = c_1 x + c_2$.

15) Exakt; $y^2 p^2 + 8x^2 p + 2xy = c$.

16) x fehlt; für $p(y)$ gilt $(pp')^2 = ay + b$; $p^2 = \frac{4}{3a}(ay + b)^{3/2}$ $+ c_1$, woraus $x = \frac{\sqrt{3a}}{2} \int (ay + b)^{-3/4}\,dy$.

17) Exakt; $2xy' + (y-1)^2 = C$ (Riccati).

18) Gleichgradig; $\log x = \int (c_1 e^t + 2t + 1)^{-1}\,dt + c_2$, $y = 2t:x$

19) $x^{1-2m}y'' = a\left(\left(\frac{y}{x}\right)'\right)^m$; $y = ux$; $x^{1-2m}u'' + 2u' = au'^m$, $x^{1-2m}v' + 2v = av^m$ (Bernoulli).

20) Bernoullische Gleichung für $p = p(x)$.

21) Vorintegrale: $\varphi_1 = (x^2 - y^2)^2 (xy)^{-1}$; $\varphi_2 = z(x^2 - y^2)(xy)^{-1}$. Allgemeines Integral: $z = (x^2 - y^2)^{-1} xy\, w((x^2 - y^2)^2 (xy)^{-1})$.

22) Vorintegral: $\varphi_1 = x - y - 2z$; dies eingesetzt: $dy = dz\,(\sqrt{z^2 + 2z + 2y + c_1} - z - 1)$; $(u = z + 1)$: $dy = du(\sqrt{u^2 + 2y + c_1 - 1} - u)$; $d\left(y + \frac{u^2}{2}\right) = \sqrt{u^2 + 2y + c_1 - 1}\,du$; $v = 2y + u^2 : dv = 2\sqrt{v + c_1 - 1}\,du$; $u - \sqrt{v + c_1 - 1} = c_2$. Allgemeines Integral: $w(x - y - 2z,\ z + 1 - \sqrt{z^2 + x + y}) = 0$.

23) Vorintegrale: $\varphi_1 = y^2 - z^2$; $\varphi_2 = 2y^2 + x^2$. Allgemeines Integral: $\omega(y^2 - z^2, 2y^2 + x^2) = 0$ oder $x^2 = -2y^2 + \omega(y^2 - z^2)$; $z = 0 : x^2 = -2y^2 + \omega(y^2)$; es muß also $\omega(y^2) = y^2 + y$; $\omega(t) = t + \sqrt{t}$. Fläche: $x^2 = -2y^2 + y^2 - z^2 + \sqrt{y^2 - z^2}$.

§ 2. Lineare Gleichungen. Operatorenmethode.

Die Gleichungen (a_j konstant)

$$L(y) = \sum_{j=0}^{n} a_{n-j} y^{(j)} = 0 \quad \left(\text{bzw. } L(y) = \sum_{j=0}^{n} a_{n-j} x^j y^{(j)} = 0\right.$$

sind (siehe G. D. S. 76) unmittelbar integrabel. Entsprechendes gilt von den linearen Systemen (Matrix A konstant)

$$\frac{d\mathfrak{y}}{dx} = A\mathfrak{y} \quad \left(\text{bzw. } x\frac{d\mathfrak{y}}{dx} = A\mathfrak{y}\right).$$

Für $y_0 = e^{rx}$ wird $L(y_0) = y_0 \cdot l(r)$ und

$$L\left(\frac{\partial^k}{\partial r^k} y_0\right) = \frac{\partial^k}{\partial r^k} L(y_0) = \sum_{j=0}^{k} \binom{k}{j} l^{k-j}(r) \frac{\partial^j}{\partial r^j} y_0,$$

denn es ist $\frac{\partial^k y_0}{\partial r^k} = x^k e^{rx}$.

Um die Gleichung

$$L(y) = f(x) = \sum_{k=0}^{m} b_k x^k e^{rx} \qquad (*)$$

zu lösen, setzt man an:

$$y = \sum_{k=0}^{m+N} B_k x^k e^{rx} = \sum_{k=0}^{m+N} B_k \frac{\partial^k y_0}{\partial r^k}$$

wobei N nur dann von Null verschieden ist, wenn r gleich einer genau N-fachen Wurzel von $l(r)$ ist. Es ist dann:

$$L(y) = \sum_{k=0}^{m+N} B_k L\left(\frac{\partial^k y_0}{\partial r^k}\right) = \sum_{k=0}^{m+N} B_k \sum_{j=0}^{k} \binom{k}{j} l^{(k-j)}(r) \frac{\partial^j y_0}{\partial r^j} =$$

$$= f(x) + \sum_k B_k \sum_j \binom{k}{j} l^{(k-j)}(r) \frac{\partial^j y_0}{\partial r^j} - \sum_{k=0}^{m} b_k \frac{\partial^k y_0}{\partial r^k} =$$

$$= f(x) + \sum_{k=0}^{m+N} \sum_{j=0}^{k} \frac{\partial^j y_0}{\partial r^j} B_k \binom{k}{j} l^{(k-j)}(r) - \sum_{k=0}^{m} b_k \frac{\partial^k y_0}{\partial r^k} =$$

$$= f(x) + \sum_{\sigma=0}^{m+N} \frac{\partial^\sigma y_0}{\partial r^\sigma} \left(\sum_{k=\sigma}^{m+N} B_k \binom{k}{\sigma} l^{(k-\sigma)}(r) - b_\sigma\right) = f(x),$$

falls die B_k so bestimmt werden, daß das Gleichungssystem

$$\sum_{k=\sigma}^{m+N} B_k \binom{k}{\sigma} l^{(k-\sigma)}(r) = b_\sigma, \quad (\sigma = 0, \ldots, m) \qquad (**)$$

erfüllt ist, wobei $b_\sigma = 0$ für $\sigma > m$ gesetzt wird.

Praktisch hat man bei gegebenem f der Gestalt (*) erst N zu bestimmen (zumeist dürfte $N = 0$ sein), dann das System (**) zu lösen, um damit unmittelbar eine Lösung der inhomogenen Gleichung zu haben. Ist $f(x) = \sum f_i(x)$, wo jedes $f_i(x)$ von der Gestalt (*) ist mit r_i statt r, $b_{i,k}$ für b_k und m_i statt m, so bestimmt man y_i aus $L(y_i) = f_i$. $y = \sum y_i$ ist dann offenbar die gesuchte (partikuläre) Lösung. (Entsprechend ist der Ansatz beim Ausdruck $L(y) = \sum_j a_{n-j} x^j y^{(j)}$ für $f(x) = \sum_k b_k (\log x)^k x^r$ mit $y = \sum_k B_k (\log x)^k x^r$ usw.). Auch für komplexe r bleibt alles gültig, so daß also, ins Reelle übersetzt, für $f(x) = b \sin rx$ der analoge Ansatz $B_1 \sin rx + B_2 \cos rx$ lautet.

Aufgaben.

1) $y''' + y'' - 25y' - 25y = 2e^{2x} + 63xe^{2x}$.
2) $y''' - 3y' + 2y = 108e^{4x} + 6e^{x}$.
3) $y'' + 4y = \sin ax$.
4) $x^4y''' + 2x^3y'' - x^2y' + xy = (x - a)^2$.

Lösungen.

1) Wurzeln der Indexgleichung: $r^3 + r^2 - 25r - 25 = (r + 1)(r - 5)(r + 5)$: $r_1 = -1$, $r_2 = 5$, $r_3 = -5$. Allgemeines Integral der hom. Gl.: $y = c_1e^{-x} + c_2e^{5x} + c_3e^{-5x}$. Ansatz zur Lösung der inhom. Gl.: $N = 0$; $y_0 = B_0e^{2x} + B_1xe^{2x}$; $B_0 = 1/9$; $B_1 = -1$; Allg. Int. d. inhom. Gl.: $y = \frac{1}{9}e^{2x} - xe^{2x} + c_1e^{-x} + c_2e^{5x} + c_3e^{-5x}$.

2) Indexgleichung: $r^3 - 3r + 2 = (r - 1)^2(r + 2)$; $r_{1,2} = 1$, $r_3 = -2$. Allg. Int. d. homogenen Gl. $y = c_1e^{-2x} + c_2e^{x} + c_3xe^{x}$. Partik. Int. d. inhom. Gl.: $y_0 = 2e^{4x} + x^2e^{x}$. Allg. Int. d. inhom. Gl.: $y = y_0 + c_1e^{-2x} + c_2e^{x} + c_3xe^{x}$.

3) hom. Gl.: $y_1 = \sin 2x$; $y_2 = \cos 2x$; Inh. Gl. $a \neq \pm 2$: Ansatz $y_0 = A \sin ax$; $A = 1 : (4 - a^2)$; allg. Int. $y = y_0 + c_1y_1 + c_2y_2$. $a = \pm 2$: Ansatz $y_0 = A_1x \sin 2x + A_2x \cos 2x$; $A_1 = 0$, $A_2 = \mp 1 : 4$.

4) $x^3y''' + 2x^2y'' - xy' + y = x - 2a + a^2x^{-1}$; hom. Gl. $y = x^r$; $l(r) = r(r - 1)(r - 2) + 2r(r - 1) - r + 1 = (r - 1)[r^2 - 2r + 2r - 1] = (r - 1)^2(r + 1)$; $y_1 = x$; $y_2 = x \log x$; $y_3 = x^{-1}$; Ansatz für inh. Gl.: $y_0 = A_1 x \log^2 x - 2a + Bx^{-1} \log x$; $A = {}^1/_4$; $B = a^2/4$. Allg. Int. $y = y_0 + c_1y_1 + c_2y_2 + c_3y_3$.

Operatorenmethode. D bezeichne jetzt die Operation $\frac{d}{dx}$, $D(y)$ das Resultat $\frac{dy}{dx}$. $DD = D^2$ bedeutet: $D\left(\frac{dy}{dx}\right) = \frac{d^2y}{dx^2}$. Entsprechend ist $D^\varkappa$ für jedes ganzzahlige positive $\varkappa$ erklärt. D^0 bedeutet die identische Operation $D^0(y) = y$. Es gelten für diese Potenzen die üblichen Rechenregeln. Eine lineare homogene Differentialgleichung läßt sich dann schreiben: $L(y) = 0$, wobei

$$L \equiv p_0(x) \cdot D^n + \cdots + p_n(x) \cdot D^0$$

ein Polynom in D ist (dessen Koeffizienten dem Körper der

reellen Funktionen angehören). Wir erinnern an die Division zweier Polynome $P(z) = a_0 \cdot z^n + \cdots + a_n$ und $Q(z) = b_0 z^m + \cdots + b_m$, die zu der Identität $P = P_1 \cdot Q + Q_1$ führt, wobei P_1 vom Grade $n - m$ und Q_1 vom Grade $m_1 < m$ ist. Dividiert man Q durch Q_1, $Q = P_2 \cdot Q_1 + Q_2$, und verfährt entsprechend mit Q_1 und Q_2, so verringert sich der Grad des Restes $Q_1, Q_2 \ldots$ usw. immer um mindestens 1; der Rest wird also einmal den Grad 0 haben.

$$Q_\varkappa = P_{\varkappa+2} \cdot Q_{\varkappa+1} + c.$$

Ist $c = 0$, dann ist $Q_{\varkappa+1}$ der gemeinsame Teiler von P und Q; sonst sind P und Q teilerfremd. Durch diesen Euklidschen Algorithmus läßt sich auch der gemeinsame Teiler zweier Polynome $L_1(D)$ und $L_2(D)$ feststellen, falls die Koeffizienten $p_0, p_1, \ldots$ konstant sind. Es seien jetzt von der Differentialgleichung $L(y) = 0$ bereits m verschiedene partikuläre Integrale bekannt. Man bestimmt dann die Differentialgleichung m-ter Ordnung, die $C_1 y_1 + \cdots + C_m y_m = y$ als allgemeines Integral hat: $L_1(y)$ sei das Resultat. Die Division $L = L_2 \cdot L_1 + R$ muß den Rest $R \equiv 0$ ergeben. Denn R ist von einer Ordnung $< m$; die Differentialgleichung $R(y) = 0$ hat aber die m verschiedenen Integrale $y_1, \ldots y_m$. Um nun alle Integrale von $L(y) = 0$ zu bestimmen, hat man offenbar nur $L_2(u) = 0$ zu lösen und dann die Integrale von $L_1(y) = u$ aufzuschreiben. Man hat also eine lineare Differentialgleichung der Ordnung $n - m$ zu lösen. Die inhomogene Gleichung m-ter Ordnung $L_1(y) = u$ löst sich dann durch m Quadraturen, da man das allgemeine Integral der homogenen Gleichung kennt.

Sind die Koeffizienten der Differentialgleichung nicht konstant, so läßt sich der Algorithmus nicht völlig übertragen wegen der Nichtkommutativität der Multiplikation. Sei gegeben:

$$L_1 \equiv p_0(x) \cdot D^n + \cdots + p_n(x);$$
$$L_2 \equiv q_0(x) \cdot D^m + \cdots + q_m(x).$$

Wir suchen einen Differentialoperator $R = r_0(x) \cdot D^{n-m} + \ldots$

$+ r_{n-m}(x)$ so zu bestimmen, daß $L_1 - RL_2$ von einer Ordnung kleiner als m ist. Man sieht leicht, daß sich die r folgendermaßen bestimmen:

$$p_0 = r_0 q_0; \quad p_1 = r_1 q_0 + r_0 \cdot \{(n-m)\, q_0' + q_1\}$$

$$p_2 = r_2 q_0 + r_1 \{(n-m-1) \cdot q_0' + q_1\} + r_0 \cdot \{\tfrac{1}{2}(n-m)(n-m-1)\, q_0'' + (n-m)\, q_1' + q_2\}$$

$$\ldots$$

$$p_s = \sum_{l=0}^{s} \sum_{i=0}^{s-l} r_l \binom{n-m-l}{s-(i+l)} q_i^{(s-i-l)}, \quad (s \leqq n-m).$$

Die Funktionen r bestimmen sich also wegen $q_0 \not\equiv 0$ rational aus den p und $D^\varkappa(q)$. Ist $L_1 - R \cdot L_2 = L_3$, so kann man mit L_2 und L_3 dieses Verfahren wiederholen

$$RL_2 = \sum_{l=0}^{n-m} \sum_{i=0}^{m} \sum_{k=0}^{n-m-l} r_l q_i^{(n-m-l-k)}\, D^{m-i+k} \binom{n-m-l}{k}.$$

Haben L_1 und L_2 ein gemeinsames Integral, so ist es auch Integral von L_3 usw. und es läßt sich auf diese Weise — ohne Kenntnis der gemeinsamen Integrale! — der größte gemeinsame Teiler feststellen, der alle gemeinsamen Integrale von L_1 und L_2 und nur diese als Integrale hat.

Beispiel:

$$L_1(y) \equiv x \sin x \cdot y'' + \left(2 \sin x - \frac{\sin^2 x}{x}\right) y' - \frac{\sin x \cos x}{x}\, y = 0,$$

$$L_2(y) = x^2 \sin x \cdot y'' + (2x \sin x - \sin^2 x - x^3)\, y' + y(x - \cos x) \sin x = 0.$$

Es ist $n - m = 0$, also R vom Grade 0 in D, d. h. eine Funktion $r_0(x)$. Es ergibt sich $r_0(x) = x^{-1}$.

$$L_3(y) = L_1(y) - r_0(x) \cdot L_2(y) \equiv x^2 y' - \sin x \cdot y.$$

Falls L_1 und L_2 ein gemeinsames Integral haben, dann ist es auch Integral von $L_3 = 0$, und L_3 ist dann auch offenbar der größte gemeinsame Teiler. In der Tat ergibt sich

$$L_2(y) - R_1 \cdot L_3(y) = 0; \quad R_1 = \sin x \cdot D - x.$$

Aus $L_3(y) = 0$ läßt sich leicht ein partikuläres und damit das allgemeine Integral von L_1 und von L_2 feststellen. Denn es ist nun von $L_1 = 0$ und $L_2 = 0$ ein Integral bekannt, daher kann man auch das allgemeine Integral von jeder der beiden Gleichungen finden. Kennt man insbesondere m Integrale einer Differentialgleichung $L_1 = 0$, so stellt man die Differentialgleichung $L_2 = 0$ auf, die gerade diese Integrale hat und bestimmt R. Dann muß $L_1 - R \cdot L_2 \equiv 0$ sein, weil die Ordnung kleiner als m ist, aber m verschiedene Integrale bekannt sind. Auch jetzt ist also die Integration von $L_1(y) = 0$ auf $R(u) = 0$ und $L_2(y) = u$ zurückgeführt. Sind z. B. $y_1, y_2, \ldots y_n$ die Integrale von $L(y) = D^n(y) + p_1(x) \cdot D^{n-1}(y) + \cdots + p_n(x) \cdot D^0(y) = 0$, so läßt sich demnach schreiben

$$L(y) = R \cdot \left(D(y) - \frac{y_1'}{y_1} \cdot D^0(y)\right) = 0.$$

R bezeichnet einen D-Operator $(n-1)$-ten Grades. Definieren wir $y_2 = y_1 \int u_2 \, dx$, so ist $u = y_1 \cdot u_2$ eine Lösung von $R(u) = 0$, weil $D(y) - \frac{y_1'}{y_1} \cdot D^0(y) = y_1 \cdot u_2$ die Lösung y_2 hat. Also ist

$$R(y) = R_1 \left(D(y) - \frac{(y_1 \cdot u_2)'}{y_1 \cdot u_2} \cdot D^0(y)\right)$$

R_1 in D vom Grade $n-2$. So erhält man schließlich die symbolische Zerlegung (D^0 wird weggelassen)

$$L = (D - \alpha_n)(D - \alpha_{n-1}) \cdots (D - \alpha_1)$$

$$\alpha_1 = \frac{y_1'}{y_1}; \quad \alpha_2 = \frac{u_2'}{u_2} + \frac{y_1'}{y_1} = \frac{d}{dx}(\log(y_1 \cdot u_2)).$$

Allgemein $$\alpha_i = \frac{d}{dx}(\log(u_1 \cdot u_2 \cdots u_i)),$$

wenn definiert wird:

$$u_1 = y_1; \quad y_2 = u_1 \cdot \int u_2 \, dx; \quad y_3 = u_1 \int u_2 \int u_3 \, dx \, dx; \ldots$$
$$y_n = u_1 \int u_2 \int u_3 \cdots \int u_n (dx)^{n-1}.$$

Die Reihenfolge der Faktoren im symbolischen Produkt ist natürlich nicht gleichgültig, weil im allgemeinen die Operatoren

$$(D-\alpha_2)(D-\alpha_1) \quad \text{und} \quad (D-\alpha_1)(D-\alpha_2)$$

verschieden sind.

Aufgaben.

1) Welche Bedingungen müssen $\alpha_1(x)$ und $\alpha_2(x)$ erfüllen, damit

$$(D-\alpha_2)(D-\alpha_1)=(D-\alpha_1)(D-\alpha_2) \qquad \text{ist?}$$

2) Wann sind die Operatoren $D-\alpha(x)$ und $D^2+p_1(x)\cdot D + p_2(x)$ vertauschbar?

3) Größter gemeinsamer Teiler von

$$P \equiv D^2+2x^2\cdot D+3$$
$$Q \equiv D^3+(-4x^4+4x+3)\cdot D-6x^2.$$

4) Größter gemeinsamer Teiler von

$$P=x^3D^3-5xD-4; \quad Q=x^2D^2+2xD+1.$$

5) Welche Gleichungen müssen α_1, α_2 erfüllen, um der Relation $(D-\alpha_1)(D-\alpha_2)=D^2+p_1(x)D+p_2(x)$ zu genügen? Die α sind zu finden, wenn $D-\alpha_1$ und $D-\alpha_2$ vertauschbar sind.

6) Sind in der Identität

$$L \equiv D^2+p_1D+p_2=(D-\alpha_2)(D-\alpha_1)$$

die α bekannt, so läßt sich das allgemeine Integral angeben.

7) α_1 und α_2 finde man für $p_1=1+3x^{-1}$; $p_2=-3x^{-2}$.

8) $L\equiv(D-\alpha_1)(D-\alpha_2)$; der zu L adjungierte Differentialausdruck ist dann $\bar{L}\equiv(D+\alpha_2)(D+\alpha_1)$.

9) Jeder Differentialausdruck $L\equiv p_0D^2+p_1D+p_2$ läßt sich durch Multiplikation mit einer geeigneten Funktion π zu einem selbstadjungierten machen.

Lösungen.

1) $\alpha_1-\alpha_2=$ konst.

2) $p_1'-p_2+2\alpha=0$. $p_2'+p_1\alpha'+\alpha''=0$.

3) Ansatz: $D^3\cdots-6x^2=(\alpha D+\beta)(D^2+2x^2D+3)=\alpha D^3+(2\alpha x^2+\beta)D^2+(4\alpha x+3\alpha+2x^2\beta)D+3\beta$; $\alpha=1$; $\beta=-2x^2$; also $Q=R\cdot P$; $R=D-2x^2$.

4) Entsprechend wie 3). $P=RQ$; $R=xD-4$.

5) $(D-\alpha_1)(D-\alpha_2) = D^2 - \alpha_2 D - \alpha_2' - \alpha_1 D + \alpha_1\alpha_2$

$\alpha_1 + \alpha_2 = -p_1;\ \alpha_1\alpha_2 - \alpha_2 = p_2.$

Daher $\alpha_1 - \alpha_1 p_1 - \alpha_1^2 = p_2 - p_1'$.

Das ist eine Riccatische Gleichung. Im Falle der Vertauschbarkeit ist (nach 1) $\alpha_1 - \alpha_2 = \text{const.} = A$; $\alpha_1(\alpha_1 - A) - \alpha_2' = p_2$; $2\alpha_1 - A = -p_1$; $\frac{A-p_1}{2}\,\frac{A+p_1}{2} = -p_2 + \frac{p_1'}{2}$; $2p_1' - 4p_2 + p_1^2 = A^2$ (diese Relation muß bestehen!). Damit ist A bestimmt, also auch α_1 und α_2.

6) $(D-\alpha_2)(y) = 0$ ergibt $y = c_1 e^{\int \alpha_2 dx}$; offenbar sind die Lösungen von $(D-\alpha_1)(y) = c_1 e^{\int \alpha_2 dx}$ alle Lösungen von $L(y) = 0$. Das ergibt $y = c_2 e^{\int \alpha_1 dx} + c_1 e^{\int \alpha_1 dx} \int e^{\int (\alpha_2 - \alpha_1) dx} dx$.

7) nach 5) ist: $\alpha_1' - \alpha_1(1 + 3x^{-1}) - \alpha_1^2 = 0$

$$\alpha_1^{-1} = c\, e^{-x} x^{-3} - e^{-x} x^{-3} \int e^x x^3\, dx.$$

8) $D^2 - (\alpha_1 + \alpha_2) D + \alpha_1\alpha_2 - \alpha_2' = D^2 + p_1 D + p_2$ hat als Adjungierte $\overline{L} = D^2 - p_1 D + (-p_1' + p_2)$; nun ist gerade

$$(D+\alpha_2)(D+\alpha_1) = D^2 + (\alpha_1+\alpha_2) D + \alpha_1\alpha_2 + \alpha_1'$$
$$= D^2 - p_1 D + (p_2 - p_1').$$

9) $\overline{L} = p_0 D^2 + (2p_0' - p_1) D + (p_0'' - p_1' + p_2)$ ist die Adjungierte. Es müßte also $p_0' = p_1$ sein; dann ist $L \equiv \overline{L}$. $(\pi p_0)' = \pi p_1$; $\pi = c p_0^{-1} e^{\int \frac{p_1}{p_0} dx}$.

§ 3. Integration durch Reihen.

$P = (p_{ik}(x))$ bezeichnet eine (n, n)-Matrix, $\mathfrak{f} = (f_1, \ldots, f_n)$ einen Vektor (oder $(n, 1)$-Matrix). $\mathfrak{y}' = P\mathfrak{y} + \mathfrak{f}$ ist dann ein gewöhnliches lineares Simultansystem für $\mathfrak{y} = (y_1, \ldots y_n)$. Dann gilt:

Ist $P = \sum_{\nu=0}^{\infty} P_\nu (x - x_0)^\nu$ und $\mathfrak{f} = \sum_{\nu=0}^{\infty} \mathfrak{b}_\nu (x - x_0)^\nu$, ($P_\nu$ (n, n)-reihig, $\mathfrak{b}_\nu$ $(n, 1)$-reihig) für $|x - x_0| < \varrho$ konvergent, so ist jede Lösung $\mathfrak{y}$ in eine für $|x - x_0| < \varrho$ konvergente Potenzreihe entwickelbar.

Beweis: Der Ansatz $\mathfrak{y} = \sum \mathfrak{c}_\nu (x - x_0)^\nu$ ergibt:

$$(\nu + 1)\, \mathfrak{c}_{\nu+1} = \sum_{\mu=0}^{\nu} P_{\nu-\mu} \cdot \mathfrak{c}_\mu. \qquad (*)$$

Mit $P_\lambda = (p_{ik}^{(\lambda)})$ und $\mathfrak{c}_\mu = (c_j^{(\mu)})$ folgt für $r < \varrho$ und

$$M = \max_{i,\, k = i, \ldots, n} \sum_{\nu=0}^{\infty} | p_{ik}^{(\nu)} | \, r^\nu, \quad B = \max_{\lambda = 1, \ldots, n} \sum_{\nu=0}^{\infty} | b_\nu^{(\lambda)} | \, r^\nu$$

$$(\nu + 1) \, | c_j^{(\nu+1)} | \leqq \sum_{\mu=0}^{\nu} | p_{j,1}^{(\nu-\mu)} | \, | c_1^{(\mu)} | + \cdots + | p_{j,\mu}^{(\nu-\mu)} | \, | c_\mu^{(\mu)} |$$

$$\leqq \sum_{\mu=0}^{\nu} M r^{-(\nu-\mu)} C_\mu + B r^{-\nu}$$

wo $C_\lambda = | c_1^{(\lambda)} | + \cdots + | c_n^{(\lambda)} |$ gesetzt ist. Daher ist

$$(\nu + 1)\, C_{\nu+1} \leqq n M r^{-\nu} \sum_{\mu=0}^{\nu} C_\mu r^\mu + B r^{-\nu}$$

Wird jetzt definiert $C_0^* = C_0$ und

$$(\nu + 1)\, C_{\nu+1}^* = n M r^{-\nu} \sum_{\mu=0}^{\nu} C_\mu^* r^\mu + B r^{-\nu}$$

so ist $C_\lambda \leqq C_\lambda^*$. Es gilt aber:

$$(\nu + 1)\, C_{\nu+1}^* - \nu C_\nu^* r^{-1} = n M C_\nu^*,$$

woraus $C_{\nu+1}^* : C_\nu^* = \dfrac{nM}{\nu + 1} + \dfrac{\nu}{\nu + 1} r^{-1} \to r^{-1}$ für $\nu \to \infty$

folgt. Also ist $\sum C_\nu^*(x - x_0)^\nu$ konvergent für $| x - x_0 | < r$, d. h. auch für $| x - x_0 | < \varrho$; somit ist auch $\sum C_\nu(x - x_0)^\nu$ dort konvergent und also auch die Reihen $\sum c_j^{(\nu)}(x - x_0)$.

Die Berechnung der Koeffizienten c erfolgt sukzessive mit Hilfe von (*). Wesentlich vereinfacht sich diese Berechnung bei einer linearen Diffgl., da lediglich der Ansatz für $y = \sum_{k=0}^{\infty} c_k (x - x_0)^k$ notwendig ist und sich aus $L(y) = f$ dann rekursiv die c_k bestimmen. (x_0 darf kein singulärer Punkt sein, d. h. der Koeffizient der höchsten Ableitung muß für $x = x_0$ von Null verschieden sein.) Die Reihe für y konvergiert für $| x - x_0 | < \varrho$, wenn alle Koeffizienten $p_0(x), \ldots, p_n(x)$ in Reihen entwickelbar sind, die für $| x - x_0 | < \varrho$ konvergieren und dort $p_0(x) \neq 0$ ist. Das folgt offenbar aus dem eben bewiesenen Satz über Simultansysteme. Es kann $x_0 = 0$ angenommen werden. Ist x_0 eine singuläre Stelle, so wird die Berechnung der Koeffizienten $c_\varkappa$ der für ein Integral y angesetzten Potenzreihe bei einem bestimmten Typus von Differentialgleichungen noch sehr einfach. Symbolisch läßt sich dieser Typ so charakterisieren:

$$L = x^m \cdot P(xD) + Q(xD) = 0.$$

Dabei sind P und Q Polynome. Setzt man $y = \sum_{n=0}^{\infty} c_n \cdot x^{\varrho + m \cdot n}$, so ergibt sich wegen $P(xD)(x^\alpha) = \sum a_i (xD)^i (x^\alpha) = \sum a_i \alpha^i x^\alpha$

$$c_0 \cdot Q(\varrho) = 0; \quad c_0 \cdot P(\varrho) + c_1 \cdot Q(\varrho + m) = 0; \quad c_1 \cdot P(\varrho + m) + c_2 \cdot Q(\varrho + 2m) = 0$$

$$\cdots, c_{n-1} \cdot P(\varrho + (n-1)m) + c_n Q(\varrho + nm) = 0.$$

Wird für ϱ eine Wurzel von $Q(\varrho) = 0$ genommen, so kann c_0 beliebig gewählt werden. Die übrigen c bestimmen sich dann eindeutig, wenn die $Q(\varrho + \varkappa \cdot m) \neq 0$ sind für $\varkappa = 1, 2, \cdots$.

Ist Q vom höheren Grade als P, so erkennt man aus dem asymptotischen Verhalten von $\frac{c_{n+1}}{c_n}$ sofort die Konvergenz der Reihe für alle x.

Beispiel: $x(1-x) \cdot y'' + (\gamma - (\alpha + \beta + 1)x)y' - \alpha\beta y = 0$. ($\alpha, \beta, \gamma$ konstant.)
Symbolisch: $x \cdot (xD + \alpha)(xD + \beta) - xD \cdot (xD + \gamma - 1) = 0$.
$Q(\varrho) = -\varrho \cdot (\varrho + \gamma - 1)$; $P(\varrho) = (\varrho + \alpha)(\varrho + \beta)$; $m = 1$.

Für $\varrho = 0$ erhalten wir so:

$$y_1 = 1 + \frac{\alpha \cdot \beta}{\gamma \cdot 1} \cdot x + \frac{\alpha(\alpha+1)\beta(\beta+1)}{\gamma(\gamma+1) \cdot 1 \cdot 2} \cdot x^2 + \cdots = F(\alpha, \beta; \gamma; x).$$

Diese Reihe heißt hypergeometrische Reihe und ist gemäß S. 72 unten konvergent für $|x| < 1$. Für $\varrho = 1 - \gamma$ ergibt sich

$$y_2 = x^{1-\gamma} \cdot F(\alpha + 1 - \gamma, \beta + 1 - \gamma; \; 2 - \gamma; x).$$

1) Man gebe für α, β, γ Bedingungen an, unter denen die Reihe abbricht.

2) $y'' - x^2 y = 0$ durch Reihenentwicklung zu integrieren.

3) Dasselbe für $(x-1)y'' - xy' + y = 0$.

4) $y''' = 4x^2 y' + 12xy$. Man entwickle y in eine Reihe, indem man durch wiederholtes Differenzieren die Ableitungen von y an der Stelle $x = 0$ berechnet und so die Taylorsche Entwicklung erhält.

4a) Man bestimme das allgemeine Integral durch Quadraturen.

5) Zu beweisen: $x^m(P(xD) + Q(xD) \cdot D^m)$ läßt sich in die Gestalt $x^m P_1(xD) + Q_1(xD)$ setzen.

6) $(1-x^2)y'' - xy' - a^2 y = 0$. Reihenentwicklung.

7) Bestimmung des allgemeinen Integrals der hypergeometrischen Differentialgleichung für $\gamma = \alpha$, $\beta = -2$.

8. Die Besselsche Gleichung $xy'' + (n+1)y' - y = 0$ geht durch $-4x = \xi^2$; $y = x^{n/2} \cdot \eta$ über in $\xi^2 \ddot{\eta} + \xi \dot{\eta} + (\xi^2 - n^2)\eta = 0$. Beide Formen fallen unter den Typus 5).

9. Entsprechendes für die Legendresche Gleichung

$$(1-x^2)y'' - 2xy' + n(n+1)y = 0.$$

10) Die Besselsche Gleichung geht durch $y = x^{-n} \cdot \eta$ wieder in eine Besselsche über.

Lösungen.

1) Die Reihe für y_1 bricht ab, wenn α oder β ganzzahlig und kleiner oder gleich Null sind, falls außerdem γ keine negative ganze Zahl ist, deren Betrag oberhalb dem ganzzahligen $|\alpha|$ (bzw. $|\beta|$) liegt. Es wird dann nämlich $P(n-1) = 0$ für $n - 1 = |\alpha|$ (bzw. $|\beta|$) und $Q(\nu) = 0$ für $\nu \geqq n$. Also $c_{n+k} = 0 (k = 1, 2, \cdots)$ — — Die Reihe für y_2 bricht also ab, wenn $\gamma - \alpha$ bzw. $\gamma - \beta$ positiv ganzzahlig ist und nicht $\gamma - 1$ eine kleinere positive ganze Zahl ist.

2) $y = \Sigma c_n x^n$; $n(n-1)c_n - c_{n-4} = 0$; c_0, c_1 beliebig;

$c_4 = \frac{c_0}{4\cdot 3}$; $c_8 = \frac{c_4}{8.7}$; $c_{4k} = \frac{c_0}{4k(4k-1)4(k-1)\{4(k-1)-1\}\cdots 4.3}$;

$$c_{4k+1} = \frac{c_1}{(4k+1)\,4k(4(k-1)+1)\,4(k-1)\,..\,5\,.\,4}$$

$c_2 = c_3 = 0$; $c_{4k+2} = c_{4k+3} = 0$. Konvergenz für $|x| < 1$.

3) $(3-n)\,c_{n-2} + (n-1)(n-2)\,c_{n-1} - n(n-1)\,c_n = 0$; c_0, c_1 willkürlich. $c_0 = 0$, $c_1 = 1$ ergibt $c_l = 0$ $(l \geq 2)$, also $y_1 = x$. Ein zweites Integral (G. D. 65) durch Quadratur $y_2 = x\int \frac{e^x(x-1)}{x^2}\,dx$, was sich leicht in eine Reihe entwickeln läßt.

4) $y^{(n+3)} = 4n(n-1)\,y^{(n-1)} + 12ny^{(n-1)} + (8n+12)\,xy^{(n)} + 4x^2 y^{(n+1)}$; $y^{(n+3)}(0) = 4n(n+2)\,y^{(n-1)}(0)$; $y(0) = c_0$, $y'(0) = c_1$, $y''(0) = c_2$ willkürlich. $y^{(3)}(0) = 0$;

$$y^{(4k)}(0) = 4^k 1\cdot 3\cdot 5\,..\,(4k-3)(4k-1)\,c_0 = \frac{(4k)!}{(2k)!}\,c_0.$$

$$y^{(4k+1)}(0) = 4^k\cdot 2\cdot 4\cdot 6\,..\,(4k-2)\,4kc_1 = 4^{2k}(2k)!\,c_1.$$

$$y^{(4k+2)}(0) = 4^k 1\cdot 3\cdot 5\,..\,(4k-1)(4k+1)\,c_2 = \frac{(4k+1)!}{(2k)!}\,c_2;$$

$$y^{(4k+3)}(0) = 0;\quad y(x) = \sum \frac{x^{4k}}{(2k)!}\,c_0 + \sum \frac{x^{4k+2}}{(2k+1)!}\cdot\frac{c_2}{2} + \sum \frac{x^{4k+1}}{(4k+1)!}\,4^{2k}(2k)!\,c_1 =$$

$$\frac{c_0}{2}\,y_1 + \frac{c_2}{4}\,y_2 + c_1 y_3;\quad y_1 = e^{x^2} + e^{-x^2};\quad y_2 = e^{x^2} - e^{-x^2}.$$

4a) Damit kennen wir zwei elementare Integrale e^{x^2}, e^{-x^2}. Ein drittes Integral ergibt sich durch Quadratur.

$$Q(y) = \begin{vmatrix} y & e^{x^2} & e^{-x^2} \\ y' & 2xe^{x^2} & -2xe^{-x^2} \\ y'' & (2+4x^2)\,e^{x^2}; & (-2+4x^2)\,e^{-x^2} \end{vmatrix} = 0$$

ist die Differentialgleichung mit den Lösungen e^{x^2}, e^{-x^2}; $Q = -4xy'' + 4y' + 16x^3y$; $P(D) = D^3 - 4x^2D - 12x$ muß $Q(D) = -4xD^2 + 4D + 16x^3$ enthalten. Ansatz $P = (\alpha D + \beta)\,Q = -4x\alpha D^3 + 4\alpha D^2 + 16x^3\alpha D - 4\alpha D^2 + 48\alpha x^2 - 4x\beta D^2 + 4\beta D + 16x^3\beta = -4x\alpha D^3 - 4x\beta D^2 + (16x^3\alpha + 4\beta)\,D + 48\alpha x^2 + 16\beta x^3$. Damit das gleich P ist, muß sein: $-4x\alpha = 1$; $\beta = 0$. Es ist in der Tat $P = -\frac{1}{4x}DQ$; um also ein drittes Integral von $P(y) = 0$ zu finden, braucht man nur eine Gleichung $Q =$ konst., etwa $Q = 1$ zu lösen, was wegen der Kenntnis des allg. Int. d. hom. Gl. auf Quadraturen führt. Ansatz für $Q(y) = 1$: $y = c_1(x)\,e^{x^2} + c_2(x)\,e^{-x^2}$;

$c_1' e^{x^2} + c_2' e^{-x^2} = 0$; $c_1' 2xe^{x^2} - c_2' 2xe^{-x^2} = \frac{-1}{4x}$; $c_1'(x) = -\frac{1}{16x^2} e^{-x^2}$;
$c_2' = \frac{1}{16x^2} e^{x^2}$; $c_1 = -\frac{1}{16}\int \frac{e^{-x^2}}{x^2} dx + C_1$; $c_2 = \frac{1}{16}\int \frac{e^{x^2}}{x^2} dx + C_2$.

5) $xD = \vartheta$; $x^m D^m = \vartheta(\vartheta - 1)\dots(\vartheta - m + 1)$ ist leicht durch Induktion zu beweisen. Daher
$x^m P(\vartheta) + x^m Q(\vartheta) D^m = x^m P(\vartheta) + Q(\vartheta - m) x^m D^m = x^m P(\vartheta)$
$+ Q(\vartheta - m)\vartheta(\vartheta - 1)\dots(\vartheta - m + 1) = x^m P(\vartheta) + Q_1(\vartheta)$.

6) $(n + 2)(n + 1) c_{n+2} = (n^2 + a^2) c_n$;
$c_{2k} = \frac{c_0}{(2k)!}(a^2 + 2^2)(a^2 + 4^2)\dots(a^2 + (2(k-1))^2)$; $c_{2k+1} =$
$\frac{c_1}{(2k+1)!}(a^2 + 1^2)(a^2 + 3^2)\dots(a^2 + (2k-1)^2)$; Konvergenz für $|x| < 1$.

7) $y_1 = 1 - 2x + x^2$, wie aus der Reihenentwicklung von $F(\alpha, \beta; \gamma; x)$ hervorgeht.

$$y_2 = y_1 \int y_1^{-2} x^{-\alpha}(x - 1)\, dx = (1 - 2x + x^2)\int \frac{x - 1}{x^\alpha (1 - 2x + x^2)^2}\, dx$$
$$(= -x^{1-\alpha} F(1, -\alpha - 1; 2 - \alpha; x)).$$

8) $m = 1$, $P = -1$, $Q(z) = z(z + n)$ bzw. $m = 2$, $P = -1$, $Q(z) = (z + n)(z - n)$.

9) $m = 2$, $-P(z) = (z - n)(z + n + 1)$, $Q(z) = z(z - 1)$.

10) $y' = -nx^{-n-1}\eta + x^{-n}\eta'$; $y'' = n(n+1)x^{-n-2}\eta - 2nx^{-n-1}\eta' + x^{-n}\eta''$.
Resultat: $x^{-n}(\eta'' x + (1 - n)\eta' - \eta) = 0$.

§ 4. Vermischte Aufgaben.

I. Lineare Differentialgleichungen.

1) $p - xy = x$.

2) $y'(x^2 - 1) - 2xy + \frac{2x^3 + 3x^2 - 1}{x^2} = 0$.

3) $xy'' + 2y' + xy = 0$.

4) $x(x + a)(y'' - m^2 y) - (2x + a)(y' - my) = x^2 e^{-mx}$.

5) $y'' - 8y' + 16y = x + e^{4x}$.

6) $xy'' + (x + 1)y' - ny = 0$. (Reihe.)

7) $x(1 - x)y'' + 2xy' - ay = 2x$. (Reihe.)

8) $(x^2-1)y''+2(x-1)y'-2y=\frac{2}{x+1}$.

9) $y''-2y'+(1-\alpha^2)y-e^x-\sin^2 x=0$.

10) $x(x-1)y''-(2x-1)y'+2y=e^x(x^2-3x+3)$.

11) $y''-3ay'+2a^2y=(bx+1)e^{bx}$.

12) $y''-6y'+11y=e^{3x}(\sin\sqrt{2}x+x^2+1)$.

13) $x^2y''-2y=2ax$.

14) $x^2y''-(2\beta-1)xy'+(\beta^2+1)y=x\cdot\log x\cdot\cos\log x$.

15) $y''+7y'+10y=20x+18e^x-3e^{-5x}$.

16) $x^3y'''+3(1-a)x^2y''+(3a^2-3a+1)xy'-a^3y=bx^m$. (Besonderer Fall: $m=a$.)

17) $x^3y'''-3x^2y''+7xy'-8y=x^2(1+3\log x)$.

18) $y'''-y''-y'+y=(24x-4)e^x+3x$.

19) $(1+x^3)y'''+3x^2y''-2x\sin x-(1+x^2)\cos x=0$.
llgemeines Integral. Daraus insbesondere part. Int.
$(0)=y'(0)=y''(0)=0$.

20) $y'''-2y''+4y'-8y=\cos 2x+x^2e^{2x}$.

21) $y^{(4)}+2y''+y=x\cdot\cos x$.

22) $y^{(4)}=x^2\cdot\sin x$.

23) $y^{(4)}-y'''-7y''+13y'-6y=\sin 2x+(x^2-1)e^x+e^{-x}$.

24) $y^{(4)}+32y'+48y=xe^{-2x}+e^{2x}\cdot\cos(2x\sqrt{2})$.

25) $y^{(4)}+3y''-4y=(1+x)\cos 2x+e^x$.

26) $x^4y^{(4)}+7x^3y^{(3)}+7x^2y''-6xy'-2y=-16x-\frac{54}{x}+x^2(297+324\log x+81(\log x)^2)$.

26a) $(x-a)^2(x-b)^2y''+cy=0$. (Stokes.)

27) $y^{(5)}+2y^{(4)}-y'-2y=xe^x$.

28) $y^{(6)}-4y^{(4)}+y''+6y=e^{x\sqrt{3}}+e^{2x}+\sin x$.

29) $y^{(n)}+\binom{n}{1}xy^{(n-1)}+\binom{n}{2}x^2y^{(n-2)}+\cdots+x^ny=0$.

II. Nichtlineare Differentialgleichungen.

30) $(x^3y - 2y^4)dx + (y^3x - 2x^4)dy = 0.$

31) $x^2(p^2 + 1) = a^2.$

32) $p - y \cdot \operatorname{tg} x + y^2 = 0.$

33) $(x^2 - 3y)dx + (y^2 - 3x)dy = 0.$

34) $(x^4 + y^2 - 1)dx + xydy = 0.$

35) $(3x^7 - xy^3 + 3 \sin x)dx + y^2dy = 0.$

36) $x^{-1} = y^{\lambda-2} \cdot p^2.$

37) $2x^3dy - (y^3 + 3x^2y)dx = 0.$

38) $F \equiv 2y^2p^2 + 2xyp + x^2 + y^2 + 1$; Allg. Int. und singuläre Lösungen.

39) $y'(1 - x^3) = y^2 - x^2y - 2x$; gibt es Polynome als Lösung? Allg. Int.

40) $2p(x - 2y^3p) = y(4y^2p^2 - 1).$

41) $(y + px)^2 - 4x^2p = 0$ zu integrieren. Singuläre Lösungen.

42) $xyp^2 + (x^2 + y^2)p + xy = 0.$ Desgleichen.

43) $(xp - y)^4 - (1 + p^2)^2 \cdot (x^2 + y^2) = 0.$

44) $p^3 - p^2 + y^2 = 0.$

45) $(y - xp)(x - yp^{-1}) = 1.$

46) $(1 - p^2)(px - y) = p.$

47) $4xy - 2px^2 = p^5.$

48) $2yp = x(p^2 + 1) + p^4 - 3p^2.$

49) $x^2 - 4y^2 + 2xyp + y^2p^2 = 0.$

50) $(x^2 - y^4)p - xy = 0.$

51) $p^4 + (2y^2 + a^2)p^2 + y^2(y^2 - a^2) = 0.$

52) $x^5p^2 - 3x^4yp + 2x^3y^2 + y^4 = 0.$

53) $xy^2p^2 - y^3p + a^2x = 0.$

54) $(x^2 + 1)y' - 4xy^2 - 2x(4x^2 + 3)y - 4x^3(x^2 + 1) = 0.$

55) $x^3p^2 - 2x^2yp - 2y^3 + 2x^2y + 3xy^2 - 2x^3 = 0.$

56) $y - (x - p^2)^2 - \frac{2}{3}p^3 = 0$ ($x - p^2 = u$; p als Variable).

57) $y - 2xp + y^2p^3 = 0.$

58) $(1 + 3x^2 + y^2)dx + (1 + x^2 + 3y^2)dy = 0$.

59) $(x - yp^{-1})(x + yp) = a^2$.

60) $y(3x^2 + y^2) - 2x^3y' = 0$.

61) $y = xp^2 + \frac{2p - 1}{(p - 1)^2}$.

62) $y + x = \left(\frac{p + 1}{p - 1}\right)^2$.

63) $2y = x(p + p^{-1}) + \frac{1}{3}p^3 - p + 1$.

64) $x^2(y' + y^2) = a(xy - 1)$.

65) $y' \cos 2x + 2y \cdot \operatorname{tg} x + y^2 = 0$.

66) $r(1 - x^2) = p^3 - p^2$.

67) $r(y^2 - x^2) + (1 - p^2)(y - px) = 0$.

68) $xy'' + y' - x^3y'^2 = 0$.

69) $x^2yr - x^2p^2 + y^2 = 0$.

70) $r \sin y - \cos y \cdot p^2 = 0$.

71) $y'' \sin y = 1$.

72) $yy'' = p^2 + p$.

73) $yy'' = p^2 + 1$.

74) $(r + y)\sqrt{y^2 + p^2} = a$.

75) $y - xy' + \frac{1}{2}x^2y'' - (y' - xy'')^2 - y''^2 = 0$.

Allg. Integral Polynom vom 2. Grade. Singuläre Integrale, die einer gewöhnlichen Diffgl. 1. Ordnung genügen.

76) $\frac{y'''}{y'} - \frac{3}{2} \cdot \left(\frac{y''}{y'}\right)^2 = \frac{\varphi'''(x)}{\varphi'(x)} - \frac{3}{2} \cdot \left(\frac{\varphi''(x)}{\varphi'(x)}\right)^2$.

77) $y''y^{(4)} - \frac{5}{3}(y''')^2 = 0$.

78) Zu den folgenden Kurvenscharen sind die zugehörigen Differentialgleichungen zu finden. (Die c sind willkürlich.)

a) $\Phi = y - (c + x)^3 = 0$.

b) $\Phi = y - c_1 \cdot \sin(c_2x + c_3) = 0$.

c) $c_3 + cx + y = 0.$

d) $x^6 - 3cx^2y + y^3 - c^2 = 0.$

79) Die Differentialgleichung der Kurven dritter Ordnung zu finden:

$$F \equiv Ay^3 + (Bx + C)y^2 + (Ex^2 + Fx + G)y + \alpha x^3 + \beta x^2 + \gamma x + \delta = 0.$$

Es ergibt sich eine Gleichung neunter Ordnung.

80) $\Phi = y - c_1 x \cdot \cos\left(\frac{n}{x} + c_2\right).$ Zugehörige Diffgl.

81) $\Phi = y - e^{mx}(c_1 + c_2 x) = 0.$ Zugehörige Diffgl.

III. Gleichungstypen.

82) $x - p^n \cdot f(y) = 0.$

83) $y - p^n \cdot f(x) = 0.$

84) $y - f(xyp) = 0.$

85) $yp - x = f(y^2 - y^2p^2).$

86) $y - mxp = f(x^{m-1}p^m).$

87) $F(y - G(p) + p \cdot G'(p),\ x + G'(p)) = 0.$

88) $F(x^2y'',\ xy',\ y) = 0$ läßt sich durch Quadraturen integrieren, wenn F homogen ist.

89) $\frac{1}{3}p^3 - ypr + y \cdot f'(y) - f(y) = F(pr - f'(y)).$

90) $rf(x) = F(xp - y).$

91) $F(r,\ p - xr,\ y - xp + \frac{1}{2}x^2r) = 0.$

92) $F\left\{\frac{f(y)g(x) + h(x)}{\varphi(x)}, \frac{f'(y)g(x)p + f(y)g'(x) + h'(x)}{\varphi'(x)}\right\} = 0.$

93) $x^3y''' = p(x)y$ soll ein Partikulärintegral $\sqrt{x}$ haben. $p(x)$ bestimmen und dann Gleichung integrieren.

94) P, Q Polynome vom 2. Grade. $\sqrt{P(x)Q(y)} - \sqrt{P(y)Q(x)} = c(x - y)$ genügt einer Differentialgleichung, die sich in der Form $f(x)dx - f(y)dy$ schreiben läßt.

IV. Reihenentwicklungen. Operatoren.

95) Reihenentwicklung der Integrale von $y'' - xy' + ny = 0$.

96) (Legendre) $(1 - x^2)y'' - 2xy' + n(n+1)y = 0$. Man suche zwei Integrale durch Reihenentwicklung in der Umgebung von $x = \infty$, d. h. also durch Entwicklung nach Potenzen von $\frac{1}{x}$. Wann gibt es Polynome in x als Lösungen?

97) $xy'' - y' - 4x^3y = 0$. Es gibt ganze Integrale, Reihe; daraus allg. Integral.

98) $xy'' - 4y' - xy = 0$. Potenzreihenentwicklung.

99) $L(y) = (D^n + a_1 \cdot D^{n-1} + \cdots + a_n \cdot D)\, y = 0$.
Man dividiere $c_1 + (c_2 + a_1 c_1)\, x + (c_3 + a_1 c_2 + a_2 c_1)\, x^2 + \cdots + (c_n + \cdots + a_{n-1} \cdot c_1) \cdot x^{n-1}$ durch $1 + a_1 x + a_2 x^2 + \cdots + a_n x^n$.

Das Resultat sei $A_0 + A_1 x + A_2 x^2 + \cdots$

Behauptung: $y = A_0 + \frac{A_1}{1!} \cdot x + \frac{A_2}{2!} \cdot x^2 + \cdots$ ist das allgemeine Integral. (Auric; These 1894).

100) $P \equiv x^3 \cdot (x^2 + 1) \cdot D^2 + D - x$.

$$Q \equiv (x^2 + 1)^2 \cdot D^2 - (x^2 + 1)(2x + 5) \cdot D + (2x^2 + 5x - 1).$$

P und Q haben gemeinsamen Teiler. Diesen zu bestimmen und das allgemeine Integral von $P(y) = 0$ und $Q(y) = 0$ angeben.

101) $P = p_0(x) \cdot D^n + \cdots + p_n(x)$. Ist $PD = DP$, so sind die p_ν konstant.

102) Was läßt sich aus $PD^2 = D^2 P$ schließen?

103) Ein selbstadjungierter Differentialausdruck $P = p_0 \cdot D^{2n} + \cdots + p_{2n}$ läßt sich in die Gestalt setzen

$$P \equiv D^n(\pi_0(x)\, D^n) + D^{n-1}(\pi_1 D^{n-1}) + \cdots + \pi_n.$$

V. Aufgaben zur Theorie.

104) Genügt y einer algebraischen Diffgl. n-ter Ordnung, dann genügt $z = e^y$ einer alg. Diffgl. $(n+1)$ter Ordnung.

105) $c_1 y_1 + c_2 y_2$ sei das allgemeine Integral von $L(y) \equiv y'' + p_1(x) \cdot y' + p_2(x) \cdot y = 0$. Wie heißt das allgemeine Integral der adjungierten Gleichung?

106) $y = A_0(x)\, p^2 + A_1(x)\, p + A_2(x)$; A so zu finden, daß das allgemeine Integral sich aus $p = c$ erhält.

107) Welche Beziehung muß $p(x)$ und $q(x)$ verbinden, damit $y'' + p \cdot y' + q \cdot y = 0$ zwei Integrale y_1, y_2 hat, so daß $y_1 \cdot y_2 = 1$ gilt. Insbesondere $p = \frac{1}{x}$, $q = ?$

108) $y = \varphi(x, c)$ sei das allgemeine Integral der Riccatischen Gleichung $y' + y^2 + P(x) \cdot y + Q(x) = 0$. Dann gilt

$$\int \varphi(x, c)\, dx = -\frac{1}{2} \log \frac{d\varphi}{dc} - \frac{1}{2} \cdot \int P(x)\, dx.$$

109) Man versuche $y = f(z, z')$ so zu finden, daß die Riccatische Gleichung in die lineare Gleichung $z'' + P(x) \cdot z' + Q(x) \cdot z = 0$ übergeht.

110) Welche Transformation von u führt die Gleichung $u'' + (n - \frac{1}{4} x^2) \cdot u = 0$ in die Gleichung Aufg. 95 über?

111) Für welche $P(x)$ hat die Riccatische Gleichung $y' + P(x)(y^2 - x^2) - 1 = 0$ nur rationale Lösungen?

112) Die Bedingungen für $a(x)$, $b(x)$, $c(x)$ aufzustellen, so daß es zwei Lösungen y_1 und y_2 der Glchg. $y' - (ay^2 + by + c) = 0$ gibt, für die $y_1 + y_2 = y_1 \cdot y_2$. Das allgemeine Integral läßt sich angeben.

113) $y' = \frac{(x+1)^2}{x^3} \cdot y^3 - \frac{x+1}{x} \cdot y^2 + \frac{x^2+3}{3x} \cdot y + f(x)$

f so zu bestimmen, daß es eine partikuläre Lösung $y_1(x)$ gibt, so daß sich $u = y - y_1$ durch eine Bernoullische Gleichung bestimmt. Nach Bestimmung von f das allgemeine Integral finden.

114) (Riccati)

$$y' = a(x) - \frac{2}{e^x - e^{-x}} + (e^x + e^{-x}) \left(\frac{1}{e^x - e^{-x}} - a(x) \right) \cdot y + a(x) \cdot y^2.$$

Es gibt zwei Lösungen, so daß $y_1 \cdot y_2 = 1$. Allgemeines Integral durch Quadraturen. Ausführbar z. B. für

$$a(x) = \frac{3x^2 - 1}{x(x^2-1)(e^x - e^{-x})}.$$

115) $y'' + 3yy' + y^3 = p(x)$; wenn p Polynom, so ist y die log. Abl. einer ganzen Funktion.

116) $y'' + p_1(x) \cdot y' + p_2(x) \cdot y = 0$.

Beziehung zwischen p_1 und p_2, damit $\dfrac{y_1}{y_2} = f(x)$.

117) $9(1 - x^2)\, y'' - 9xy' + y = 0$.
Es gibt unendlich viele (∞^2) Transformationen $t = \varphi(x)$, die die geg. Gleichung in solche mit konstanten Koeffizienten transformieren. Alle diese Tr. finden (Bsp. $x = \cos 3t$).

118) Welche Bedingungen müssen $p_0(x)$, $p_1(x)$, $p_2(x)$ erfüllen, damit durch eine (umkehrbare) Transformation $x = \varphi(t)$ der Ausdruck

$$L(y) \equiv p_0(x)y'' + p_1(x)y' + p_2(x)y$$

in einen äquivalenten mit konstanten Koeffizienten übergeht, d. h. mit $u(t) = y(\varphi(t))$ soll $L_1(u) = 0$ dieselben Integrale $u(t) = y(\varphi(t))$ haben wie $L(y) = 0$.

119) $y'' + p(x)y = 0$; $z'' + q(x)y = 0$, ($y_{1,2}$, $z_{1,2}$ Lösungen). $y_i z_j$ genügen einer Diffgl. 4. Ordnung, die angegeben werden soll.

120) Ist $L(y)$ ein linearer Differentialausdruck vom Laplaceschen Typ (d. h. mit in x linearen Koeffizienten $p_k(x)$), so gilt dasselbe vom adjungierten Ausdruck.

121) Ist $\varphi(x, y, p)$ ein integrierender Faktor von $F(x, y, p, r)$, so ist auch $R \cdot \varphi(P, PX - Y, X)$ ein integrierender Faktor von $F(P, PX - Y, X, R^{-1})$. ($dy - pdx = 0$, $dp - rdx = 0$, und dasselbe in großen Buchstaben).

122) $y'' - p(x)y = 0$, $y_{1,2}$ Lösungen. Gefragt nach Diffgl. 3. Ordnung mit y_1^2, $y_1 y_2$, y_2^2 als Lösungen.

123) $y'' + (2b \operatorname{Cof} 2x - a)y = 0$. Es gilt die Identität:

$$y_1'(x)y_2'(x) = y_1'(0)y_2'(0) + y_1(0)y_2(0)\,(2b - a) - y_1(x)y_2(x)$$
$$(2b\,\mathfrak{Cos}\,2x - a) + 4b\int_0^x y_1(t)y_2(t)\,\mathfrak{Sin}\,2t\,dt.$$

123a) Welche Relationen müssen g_0, g_1, g_2 verbinden, damit $\mu = \left(g_0(x) + g_1(x)y + g_2(x)y^2\right)^{-1}$ integrierender Faktor der Riccatischen Gleichung $dy + \left(a_0(x) + a_1(x)y + a_2(x)y^2\right)dx = 0$ ist?

VI. Existenzsätze.

124) $\dfrac{dy}{dx} = \text{Min}\,(x, y) = f$; ist die Lipschitzbedingung um (0, 0) erfüllt? Lösung y mit $y(0) = \frac{2}{3}$. (Man beschränke sich auf den ersten Quadranten.)

125) $\dfrac{dy}{dx} = f(x, y)$; f genügt in Umgebung von (0, 0) der Lipschitz-Bedingung. Die pos. Konstanten ε_ν gehen monoton gegen Null mit konv. $\sum\limits_1^\infty \varepsilon_\nu$; $|\,\vartheta_\nu(x)\,|$ gleichartig beschränkt: $|\,\vartheta_\nu(x)\,| < C$, sonst beliebige stetige Funktionen.

$$y_0 = 0; \quad y_n = \int_0^x f\left(t, y_{n-1}(t)\right) dt + \varepsilon_n \vartheta_n(x).$$

Beh.: $y_n(x) \Rightarrow y(x)$ (Lösung).

126) $\dfrac{dy}{dx} = y$; e^x ist die Lösung mit Auflösung $x_0 = 0$, $y_0 = 1$. Man erhalte sie durch Anwendung der Picardschen Approximationen.

127) $\dfrac{dy}{dx} = f(x, y) = \dfrac{4x^3 y}{x^4 + 4y^2}$; $f(0, 0) = 0$.

Ist die Lipschitz-Bedingung um (0, 0) erfüllt und gibt es nur eine Lösung durch (0,0)?

VII. Oszillationssätze. Randwertaufgaben.

128) $a \leqq x \leqq b$. $K_1(x) \geqq K_2(x) > 0$; $G_1(x) \geqq G_2(x)$. Man berechne $\frac{d}{dx}\left\{\frac{u}{v}(K_1 u'v - K_2 uv')\right\}$ und stelle es als Summe von drei Quadraten dar mit Koeffizienten linear in G und K. (Formel von Picone.) u und v bedeuten (nicht identisch verschwindende) Integrale der Gleichung $\frac{d}{dx}(K_1 u') - G_1 \cdot u = 0$; $\frac{d}{dx}(K_2 v') - G_2 \cdot v = 0$.

129) Man schließe aus der vorigen Formel: Zwischen zwei Nullstellen einer Lösung u liegt immer eine Nullstelle einer Lösung v, wenn man ausschließt, daß $G_1 \equiv G_2$, $K_1 \equiv K_2$ ist in irgend einem Teilintervall.

130) Weitere Anwendung der Piconeschen Formel: Voraussetzung. Für die Lösungen $u(x)$, $v(x)$ sei $u(a) = \alpha_1$, $u'(a) = \alpha_1'$; $v(a) = \alpha_2$; $v'(a) = \alpha_2'$. $|\alpha_1| + |\alpha_1'|$ und $|\alpha_2| + |\alpha_2'|$ sind verschieden von Null. Falls $\alpha_1 \neq 0$ ist, soll sein $K_1(a) \cdot \frac{\alpha_1'}{\alpha_1} \geqq K_2(a) \cdot \frac{\alpha_2'}{\alpha_2}$, woraus übrigens $\alpha_2 \neq 0$ folgt. $|G_1| + |G_2| \equiv 0$ ist in keinem Teilintervall gültig.

Behauptung: Wenn $u(x)$ m Nullstellen in $a \leqq x \leqq b$ hat, dann hat auch v dort wenigstens m Nullstellen und die i'te Nullstelle von v liegt vor der i'ten Nullstelle von u.

131) Voraussetzung wie in 130). Außerdem sei für einen Wert $c (a < c < b)$ $u(c) \neq 0$, $v(c) \neq 0$. Ferner sollen u und v die gleiche Anzahl von Nullstellen in $a < x < c$ haben. Dann gilt:

$$K_1(c) \cdot \frac{u'(c)}{u(c)} > K_2(c) \cdot \frac{v'(c)}{v(c)}.$$

132) Die Greensche Funktion für den Differentialausdruck $L(y) = \frac{d^2}{dx^2}(K(x)\, y'')$ mit den Randbedingungen $u(0) = u(1) = u'(0) = u'(1) = 0$ zu finden.

Lösungen.

1) $(y+1)^{-1}dy = x\,dx;\quad y = ce^{\frac{x^2}{2}} - 1.$

2) $(x^2-1)^2 \frac{d}{dx}\left(\frac{y}{x^2-1}\right) + 2x + 3 - \frac{1}{x} = 0;$

$$\frac{y}{x^2-1} + \int \frac{2x+3-\frac{1}{x}}{(x^2-1)^2}\,dx = c.$$

3) $xy = u;\ u'' + u = 0;\ y = x^{-1}(c_1 \sin x + c_2 \cos x)$.

4) Offenbar ist $y_1 = e^{mx}$ part. Int. d. hom. Gl. Also (G. D. 65) $y_2 = e^{mx}\int e^{-2xm}(x^2+ax)\,dx = \frac{e^{-mx}}{2m}\left(-x^2 - x\left(a+\frac{1}{m}\right) - \frac{a}{2m} - \frac{1}{2m^2}\right)$; Inh. Gl. durch Variation der Konstanten; rascher der Ansatz $y_0 = e^{-mx}(Ax^2+Bx+C)$; $2A = -(1+ma)^{-1}$, $B=C=0$.

5) homog. Gl.: $y = e^{rx}$; char. Gl. $(r-4)^2 = 0$; $y_1 = e^{4x}$, $y_2 = xe^{4x}$ Integrale der hom. Gl. Inhomog. Gl. mit rechter Seite x. Partikuläre Lösung: $y = \frac{x}{16} + \frac{1}{32}$. Rechte Seite e^{4x}: Ansatz $y = Ax^2e^{4x}$; $A = \frac{1}{2}$. Also: $y = e^{4x}\left(\frac{x^2}{2} + c_1x + c_2\right) + \frac{x}{16} + \frac{1}{32}$.

6) Man sucht Lösung durch Reihenansatz: $y = \sum_0^\infty a_k x^k$. $(k+1)^2 a_{k+1} + (k-n)a_k = 0$; $a_1 = na_0$; $a_k = \frac{1}{k!}\binom{n}{k}a_0$; $(k \leqq n)$ $a_{n+\nu} = 0$ part. Int. $y_1 = \sum_{0,n} \frac{x^k}{k!}\binom{n}{k}$. Allg. Int. (G. D. 65): $y = y_1\left\{c_1\int\frac{dx}{xy_1^2e^x} + c_2\right\}$.

7) Hypergeom. Gl. $x(1-x)y'' + \{\gamma - (\alpha+\beta+1)x\}y' - \alpha\beta y = 0$, wenn $\gamma = 0$ und $\alpha+\beta+1 = -2$; $\alpha\beta = a$ d. h. $\beta = -\frac{3}{2} + \sqrt{\frac{9}{4} - a}$, $\alpha = -\frac{3}{2} - \sqrt{\frac{9}{4} - a}$. Lsg. d. hom. Gl. $y_1 = F(\alpha, \beta; 0; x)$, $y_2 = xF(\alpha+1, \beta+1; 2; x)$. Inh. Gl. Ansatz: $y = c_1(x)y_1 + c_2(x)y_2$. Es ist $c_1'y_1 + c_2'y_2 = 0$; $c_1'y_1' + c_2'y_2' = \frac{2}{1-x}$; $c_1' = \frac{-2}{1-x}y_2e^{\int\frac{2}{1-x}dx} = 2(x-1)^3xF(\alpha+1, \beta+1;$

2; x); $c_2' = \frac{2}{1-x} y_1 (x-1)^{-2} = -2(x-1)^{-3} F(\alpha, \beta; 0; x)$
$c_1 = \int c_1' dx + C_1$; $c_2 = \int c_2' dx + C_2$.

8) Die homogene Gleichung hat ein einfaches Partikularintegral: $y = (x-1)$. Dann läßt sich (G. D. 65) das allgemeine Integral finden: $y = c_1(x-1) + c_2(x-1)\left[\frac{1}{4}\log\frac{x+1}{x-1} - \frac{x}{2(x^2-1)}\right]$ $= c_1 y_1 + c_2 y_2$. Ansatz für die inhomogene Gl. $y = c_1(x) y_1 + c_2(x) y_2$. $c_1' y_1 + c_2' y_2 = c_1'(x-1) + c_2'(x-1)\left[\frac{1}{4}\log\frac{x+1}{x-1} - \frac{x}{2(x^2-1)}\right] = 0$; $c_1' y_1' + c_2' y_2' = c_1' + c_2'\left[\frac{1}{4}\log\frac{x+1}{x-1} - \frac{x+2}{2(x+1)^2}\right]$ $= \frac{2}{(x^2-1)(x+1)}$; $c_2' = 2$; $c_2 = 2x + A$; $c_1' = \frac{x}{x^2-1} - \frac{1}{2}\log\frac{x+1}{x-1}$;
$c_1 = \frac{1}{2}\log(x^2-1) - \frac{1}{2}\int \log\frac{x+1}{x-1}\,dx + B$.

9) $l(r) = r^2 - 2r + 1 - \alpha^2 = 0$; $r = 1 \pm \alpha$. 1. Fall: $\alpha \neq 0$. $y_1 = e^{(1+\alpha)x}$, $y_2 = e^{(1-\alpha)x}$. Inh. Gl. $y'' - 2y' + (1-\alpha^2)y$ $= e^x + \frac{1-\cos 2x}{2}$. Ansatz: $y = Ae^x + B_1 \sin 2x + B_2 \cos 2x + E$; $A(1 - 2 + 1 - \alpha^2)e^x + \sin 2x(-4B_1 + 4B_2 + (1-\alpha^2)B_1)$ $+ \cos 2x(-4B_2 - 4B_1 + (1-\alpha^2)B_2) + (1-\alpha^2)E = e^x - \frac{\cos 2x}{2}$ $+ \frac{1}{2}$. $A = -\alpha^{-2}$; $B_1 = \frac{2}{-7+6\alpha^2+\alpha^4}$; $B_2 = -\frac{3+\alpha^2}{2(-7+6\alpha^2+\alpha^4)}$; $E = \frac{1}{2(1-\alpha^2)}$; $\alpha \neq \pm 1$. Allgem. Integral der inh. Gl.: $y = Ae^x$ $+ B_1 \sin 2x + B_2 \cos 2x + E + c_1 e^{(1+\alpha)x} + c_2 e^{(1-\alpha)x}$. Ist $\alpha = \pm 1$, so steht an Stelle von E die Größe $-\frac{1}{4}x$. 2. Fall: $\alpha = 0$; $r_{1,2} = 1$; $y_1 = e^x$, $y_2 = xe^x$. Ansatz für inhom. Gl.: $y = Ax^2e^x + B_1 \sin 2x$ $+ B_2 \cos 2x + E$; B_1, B_2, E ergeben sich unverändert: $B_1 = \frac{2}{7}$; $B_2 = -\frac{3}{14}$; $E = \frac{1}{2}$. Es ist ferner $A = \frac{1}{2}$.

10) Homog. Glchg. hat Lösung $y_1 = x^2$. Daher (G. D. 65) $y_2 = x^2 \int x^{-4} e^{\int \frac{2x-1}{x^2-x} dx} dx = x^2 \int \frac{x^2-x}{x^4}\,dx = -x + \frac{1}{2}$. Ansatz

für inhom. Glchg. $y = c_1(x)\,x^2 + c_2(x)\left(\frac{1}{2} - x\right)$; $c_1'y_1 + c_2'y_2 = 0$;
$c_1'y_1' + c_2'y_2' = e^x\frac{x^2 - 3x + 3}{x^2 - x}$; $c_2' = e^x\frac{(x^2 - 3x + 3)}{(x-1)^2}$;

$$c_1' = e^x\frac{(x^2 - 3x + 3)\left(x - \frac{1}{2}\right)}{(x^2 - x)^2}.$$

Quadratur liefert: $c_1(x) + C_1$; $c_2(x) + C_2$. Allgem. Integral

$$c_1(x)\,x^2 + c_2(x)\left(\frac{1}{2} - x\right) + C_1x^2 + C_2\left(\frac{1}{2} - x\right).$$

11) $l(r) = r^2 - 3ar + 2a^2$; $r_1 = 2a$; $r_2 = a$.

1. Fall: $b \neq a$ und $\neq 2a$. Ansatz $y_0 = (Ax + B)\,e^{bx}$; $A = bl^{-1}(b)$; $B = (2a^2 - b^2)\,l^{-2}(b)$.

2. Fall: $b = a \neq 0$: Ansatz: $y_0 = (Ax^2 + Bx)\,e^{ax}$; $A = -\frac{1}{2}$; $B = -\frac{2}{a}$.

3. Fall: $b = 2a \neq 0$ entsprechend. 4) $a = b = 0$; $y = \frac{x^2}{2} + c_1x + c_2$.

12) $l(r) = r^2 - 6r + 11$; $r_1 = 3 + i\sqrt{2}$; $r_2 = 3 - i\sqrt{2}$; $y_1 = e^{3x}\cos x\sqrt{2}$; $y_2 = e^{3x}\sin x\sqrt{2}$ sind Lsg. der hom. Gl. Ansatz für die inh. Gl.: $y_0 = e^{3x}x(A_1\sin x\sqrt{2} + A_2\cos x\sqrt{2}) + e^{3x}(B_2x^2 + B_1x + B_0)$; $A_1 = 0$; $A_2 = -1 : 2\sqrt{2}$; $B_2 = 1 : 2$; $B_1 = 0$; $B_0 = 0$.

Allgem. Int. d. inh. Gl.: $y = y_0 + c_1y_1 + c_2y_2$.

13) Hom. Gl.: $\alpha(\alpha-1) - 2 = 0$; $\alpha_1 = -1$; $\alpha_2 = 2$; $y_1 = x^{-1}$; $y_2 = x^2$. Ansatz f. inh. Gl.: $y = Ax$, $A = -a$.

14) Hom. Gl. $y = x^r$. $l(r) = r(r-1) - (2\beta - 1)\,r + \beta^2 + 1 = (r - \beta)^2 + 1$; $r_{1,2} = \beta \pm i$; $y_1 = x^\beta\cos\log x$; $y_2 = x^\beta\sin\log x$; Inh. Gl. $\beta \neq 1$: $Y = x^{1+i}(A\log x + B)$; $L(\mathbf{Y}) = x^{1+i}\log x$; $A = 1 : ((1-\beta)^2 + 2i(1-\beta))$; $B = -2(1 - \beta + i)A$; $y_0 = \Re(\mathbf{Y})$ Part. Int. Für $\beta = 1$:
$\mathbf{Y} = x^{1+i}(A\log^2 x + B\log x)$; $A = 1 : 2i$; $B = 1 : 2$; $y_0 = \Re(\mathbf{Y})$.

15) $r^2 + 7r + 10 = 0$; $r_1 = -2$; $r_2 = -5$. $y_1 = e^{-2x}$; $y_2 = e^{-5x}$ sind Lös. d. hom. Gl. Ansatz für inh. Gl.: $y_0 = A_1x + A_2 + Be^x + Exe^{-5x}$. $A_1 = 2$; $A_2 = -7 : 5$; $B = 1$; $E = 1$; allg. Int. d. inh.: $y = y_0 + c_1e^{-2x} + c_2e^{-5x}$.

16) homog. Glchg. $y = x^\varrho$; char. Glchg. $(\varrho - a)^3 = 0$. Daher $x^\gamma(c_1 + c_2 \log x + c_3 \log^2 x)$ allgem. Integral der homog. Glchg. Für $m \neq a$ Ansatz für Partikularintegral der inh. Glchg.: $y = Ax^m$; $A = b(m - a)^{-3}$. Daher $y = b(m - a)^{-3} x^m + x^\gamma(c_1 + c_2 \log x + c_3 \log^2 x)$ allgem. Int. d. inh. Gl. $\div$ $m = a$: Variation der Konstanten ist ziemlich langwierig. — Ansatz $y_0 = Ax^a \log^3 x$; $A = b/6$.

17) Hom. Gl. $l(\varrho) = \varrho(\varrho - 1)(\varrho - 2) - 3\varrho(\varrho - 1) + 7\varrho - 8 = (\varrho - 2)^3$. $y_1 = x^2$; $y_2 = x^2 \log x$; $y_3 = x^2 \log^2 x$. Inh. Gl. Ansatz $y_0 = Ax^2 \log^3 x + Bx^2 \log^4 x$. $A = 1:6$; $B = 1:8$. Allgem. Int. $y = y_0 + c_1 y_1 \cdots + c_3 y_3$.

18) $l(r) = r^3 - r^2 - r + 1 = 0$; $r_1 = -1$; $r_{2,3} = 1$. $y_1 = e^{-x}$; $y_2 = e^x$; $y_3 = xe^x$, Ansatz für inh. Gl. $y_0 = (Ax^2 + Bx^3)e^x + \alpha x + \beta$ ergibt $\alpha = 3$; $\beta = 3$. $A = -4$, $B = 2$. — Dazu allg. Int. d. hom. Gl. $c_1 y_1 + c_2 y_2 + c_3 y_3$.

19) $\frac{d}{dx}((1 + x^3) y'' - (1 + x^2) \sin x) = 0$; $y'' = \sin x \frac{1 + x^2}{1 + x^3}$

$+ \frac{c_1}{1 + x^3}$, $y = \int\limits_0^x \int\limits_0^u \frac{c_1 + (1 + t^2) \sin t}{1 + t^3} dt\, du + c_2 x + c_3$,

$y^{(i)} = c_{3-i}$ $(i = 0, 1, 2)$.

20) $l(r) = r^3 - 2r^2 + 4r - 8 = r^3 - 8 - 2r(r - 2) = (r - 2)(r^2 + 4)$; $y_1 = e^{2x}$; $y_2 = \sin 2x$; $y_3 = \cos 2x$ sind Lsg. der hom. Gl. Daher Ansatz für inh. Gl.: $y_0 = A_1 x \sin 2x + A_2 x \cos 2x + (B_1 x^3 + B_2 x^2 + B_3 x)e^{2x}$; $A_1 = A_2 = -1:16$; $A_2 = -3:52$; $B_1 = 1:24$; $B_2 = -1:16$; $B_3 = 1:32$; zu y_0 das allg. Int. der hom. Gl. gibt das allg. Int. d. inh. Gl.

21) hom. Gl. $l(r) = r^4 + 2r^2 + 1 = (r^2 + 1)^2$; $r_{1,2} = i$; $r_{3,4} = -i$; $y_1 = \sin x$, $y_2 = x \sin x$, $y_3 = \cos x$, $y_4 = x \cos x$. Inhom. Gl. Ansatz: $y_0 = Ax^2 \sin x + Bx^3 \cos x$; $A = \frac{1}{8}$, $B = -\frac{1}{24}$. Allg. Int. $y = y_0 + c_1 y_1 \cdots + c_4 y_4$.

22) Vierfache Quadratur: $y = x^2 \sin x + 8x \cos x - 20 \sin x + c_0 + c_1 x + c_2 x^2 + c_3 x^3$.

23) $l(r) = r^4 - r^3 - 7r^2 + 13r - 6 = 0$; $r = 1$ ist Wurzel; $l(r) = (r - 1)(r^3 - 7r + 6) = (r - 1)^2 (r^2 + r - 6) = (r - 1)^2 (r - 2)(r + 3)$; Lösungen der homog. Gl.: $y_1 = e^x$, $y_2 = xe^x$, $y_3 = e^{2x}$, $y_4 = e^{-3x}$. Ansatz für inh. Gl.:

$y = A_1 \sin 2x + A_2 \cos 2x + (B_1 x^4 + B_2 x^3 + B_3 x^2)e^x + Ee^{-x}$

$$A_1 = \frac{19}{2(17^2+19^2)}; \quad A_2 = \frac{-17}{2(17^2+19^2)}; \quad B_1 = -\frac{1}{48},$$
$$B_2 = -\frac{3}{48}, \quad B_3 = -\frac{5}{64}, \quad E = \frac{1}{20}.$$

24) $l(r) = r^4 + 32r + 48$; $r_1 = -2$; $l(r) = (r+2)(r^3 - 2r^2 + 4r + 24)$; $r_2 = -2$. $l(r) = (r+2)^2(r^2 - 4r + 12)$; $r_{3,4} = 2 \pm i\sqrt{8}$. Hom. Gl. $y_1 = e^{-2x}$; $y_2 = xe^{-2x}$. $y_3 = e^{2x}\cos x\sqrt{8}$; $y_4 = e^{2x}\sin x\sqrt{8}$. Inh. Gl. $y_0 = e^{-2x}(A_1x^3 + A_2x^2) + xe^{2x}(B_1\cos x\sqrt{8} + B_2\sin x\sqrt{8})$; $A_1 = A_2 = 1: 144$, $B_1 = -5: 864$, $B_2 = \sqrt{2}: 864$; Allg. Int.: $y = y_0 + c_1y_1 \cdots + c_4y_4$.

25) Hom. Gl. $l(r) = r^4 + 3r^2 - 4 = 0$; $r^2 = -\frac{3}{2} \pm \sqrt{\frac{9+16}{4}}$; $r_1^2 = 1$; $r_2^2 = -4$. $r_{1,2} = \pm 1$; $r_{3,4} = \pm 2i$. $y_1 = e^x$, $y_2 = e^{-x}$; $y_3 = \cos 2x$; $y_4 = \sin 4x$. Ansatz f. inh. Gl.: $y_0 = \Re(Y) + Exe^4$. $Y = e^{i2x}(Ax^2 + A_2x)$; $L(Y) = e^{i2x}(x+1)$; $A_1 = i : 80$; $A_2 = (20i - 21): 800$; $E = 1:10$. Allgem. Int.: $y = y_0 + c_1y_1 \cdots + c_4y_4$.

26) Hom. Gl. $y = x^r$; $r(r-1)(r-2)(r-3) + 7r(r-1)(r-2) + 7r(r-1) - 6r - 2 = 0$; $l(r) = (r+1)^3(r-2)$. Hom. Gl.: $y_1 = x^2$, $y_2 = x^{-1}$, $y_3 = x^{-1}\log x$, $y_4 = x^{-1}(\log x)^2$. Ansatz für inhom. Gl.: $y_0 = Ax + Bx^{-1}\log^3 x + x^2\log x\,(C + D\log x + E\log^2 x)$; $A = 2$, $B = 3$, $C = D = 3$, $E = 1$.

26a) Da a und b die einzigen Singularitäten der Diffgl. sind, so gibt es Integrale der Gestalt $(x-a)^{\varrho_1}\mathfrak{P}_1(x-a)$ und $(x-b)^{\varrho_2}\mathfrak{P}_2(x-b)$. Man versucht, ob es ein Integral gibt der Gestalt $(x-a)^{\varrho_1}(x-b)^{\varrho_2}\mathfrak{P}$. Der Ansatz zeigt, daß $\mathfrak{P}$ = konst. wird, wenn ϱ_1 und ϱ_2 die Gleichung erfüllen:

$$(x-b)^2\varrho_1(\varrho_1-1) + (x-a)^2\varrho_2(\varrho_2-1) + 2(x-a)(x-b)\varrho_1\varrho_2 + c = 0.$$

Dieses Polynom zweiten Grades in x verschwindet identisch, nämlich an den drei Stellen a, b, $\frac{a+b}{2}$, wenn ϱ_1 und ϱ_2 Wurzeln der Gleichung:

$$\varrho^2 - \varrho + \frac{c}{(a-b)^2} = 0$$

sind. Damit ist für $a \neq b$ das allgemeine Integral:

$$y = c_1(x-a)^{\varrho_1}(x-b)^{\varrho_2} + c_2(x-a)^{\varrho_2}(x-b)^{\varrho_1}.$$

27) $l(r) = r^5 + 2r^4 - r - 2 = (r^4 - 1)(r+2) = 0$; $r_1 = -2$, $r_{2,3} = \pm 1$; $r_{4,5} = \pm i$, $y_1 = e^{-2x}$; $y_{2,3} = e^{\pm x}$; $y_4 = \sin x$, $y_5 = \cos x$.

Partikularintegral d. inh. Gl. Ansatz: $y = Ax^2 e^x + Bx e^x$; $A = \frac{1}{24}$; $B = -\frac{11}{72}$.

Lösung: $y = \frac{1}{24} x^2 e^x - \frac{11}{72} x e^x + c_1 y_1 \cdots + c_5 y_5$.

28) char. Gl. $r^6 - 4r^4 + r^2 + 6 = (r^2 - 2)(r^2 - 3)(r^2 + 1) = 0$; $r_{1,2} = \pm\sqrt{2}$; $r_{3,4} = \pm\sqrt{3}$; $r_{5,6} = \pm i$. $y_{1,2} = e^{\pm x\sqrt{2}}$; $y_{3,4} = e^{\pm x\sqrt{3}}$; $y_5 = \sin x$; $y_6 = \cos x$. Die inhomog. Gleichung löst man, indem man für jeden einzelnen Summanden der rechten Seite ein Partikularintegral sucht. 1) $e^{x\sqrt{3}}$: Ansatz $y = Axe^{x\sqrt{3}}$; $A = \frac{\sqrt{3}}{24}$. 2) e^{2x}: Ansatz $y = Be^{2x}$; $B = 10^{-1}$. $\sin x$: Ansatz $y = Cx \cos x$; $C = -\frac{1}{24}$. Daher Lösung: $y = \frac{\sqrt{3}}{24} xe^{x\sqrt{3}} + \frac{1}{10} e^{2x} - \frac{1}{24} \cos x + c_1 y_1 \ldots + c_6 y_6$.

29) $n = 1$: $y = ce^{-\frac{x^2}{2}}$; $n = 2$: $y = e^{-\frac{x^2}{2}}(c_1 e^x + c_2 e^{-x})$; daher $y = e^{-\frac{x^2}{2}} z$. z genügt einer lin. Gleichung mit konst. Koeff.

$$L(z) = z^n + \sum_{l=1}^{n} z^{(n-2l)} (-1)^l \binom{n}{2l} 1 \cdot 3 \cdot 5 \cdot \ldots \cdot (2l-1).$$

Zur Herleitung beachtet man, daß

$$\left(e^{-\frac{x^2}{2}}\right)^{(j)} = e^{-\frac{x^2}{2}} \left\{ \sum_{l=1}^{j} x^{j-2l} (-1)^{l+j} \binom{j}{2l} \frac{(2l-1)!}{2^{l-1}(l-1)!} + (-x)^j \right\}.$$

30) Koeffizienten von dx, dy homogen vom 4. Grade. $y = xz$. Dann $z(z^3 + 1)\, dx - x(z^3 - 2)\, dz = 0$

$$x = C\frac{z^3+1}{z^2} = C\frac{y^3 + x^3}{xy^2}; \quad x^2y^2 = C(x^3 + y^3).$$

31) $p = \pm\sqrt{a^2x^{-2} - 1}$; $y = \pm\sqrt{a^2 - x^2} \pm a \log \frac{x}{1 + \sqrt{1 - \frac{x^2}{a^2}}} + C$ für $|a| > |x| \neq 0$. Für $|x| > |a|$ keine reellen Integrale. $x = 0$ ist singuläre Lösung.

32) $y^{-1} = u$; $u' + u \operatorname{tg} x = 1$; $y = (\cos x)^{-1}\left(c + \int \frac{dx}{\cos x}\right)^{-1}$

33) Totale Glchg. $z = \int\limits_0^x t^2\,dt + \int\limits_0^y (t^2 - 3x)\,dt = \frac{x^3}{3} - 3xy + \frac{y^3}{3}$, Lösung: $z = c$.

34) Integr. Faktor: $\mu = 2x$; $z = 2\int\limits_0^x t(t^4 - 1)\,dt + 2x^2\int\limits_0^y t\,dt = \frac{x^6}{3} - x^2 + x^2y^2$. Lösung: $z = c$ oder $x^6 + 3x^2(y^2 - 1) = C$.

35) Es gibt integr. Faktor $\mu(x)$. Es ist $\mu = e^{-\frac{3x^2}{2}}$.
$z = 3\int\limits_0^x (t^7 + \sin t)\, e^{-\frac{3t^2}{2}}\,dt + e^{-\frac{3x^2}{2}}\, y^3 = c$.

36) $x^{-\frac{1}{2}}\,dx = y^{\frac{\lambda}{2}-1}\,dy$; $\lambda \neq 0: y^{\frac{\lambda}{2}} = \lambda\sqrt{x} + C$; $\lambda = 0: y = Ce^{2\sqrt{x}}$.

37) $\mu = y^{-3}$; $z = -\int\limits_0^x (1 + 3t^2)\,dt + 2x^3\int\limits_1^y t^{-3}\,dt = -x - x^3y^{-2} = c$ oder $y^2(x + c) + x^3 = 0$.

38) $x^2 + y^2 - 1 = u$; $\left(\frac{u'}{2} - x\right)u' + u = 0$; $u - xu' = -\frac{u'^2}{2}$
$u = \bar{c}x - \frac{\bar{c}^2}{2}$; $\Phi = x^2 + y^2 - 1 - \sqrt{2}cx + c^2 = 0$; c-Diskriminante: $\Phi_c = -\sqrt{2}x + 2c = 0$; $c = \frac{x\sqrt{2}}{2}$; in $\Phi = 0$; $y^2 - 1 + \frac{x^2}{2} = 0$; die Ellipse $x^2 + 2y^2 = 2$ ist Enveloppe. — — p-Diskriminante: $\{F_p = 4y^2p + 2xy = 0;\ F = 0\}$ ergibt $p = \frac{-x}{2y}$; $\frac{x^2}{2} + y^2 - 1 = 0$.

39) Sei n der Grad eines Lösungspolynoms. Für $n \geqq 2$ hat die rechte Seite sicher einen Grad $\leqq 2n$, die linke den Grad $n + 2$. Also kann nur $n \leqq 2$ sein. Der Ansatz $y = Ax^2 + Bx + C$ führt bei Koeffizientenvergleich zu $-2A = A^2 - A$; $-B = 2AB - B$ $0 = 2AC + B^2 - C$; $2A = 2BC - 2$; $B = C^2$. Daraus folgt entweder zunächst $A = -1$, $B = 0$, $C = 0$, also $y_1 = -x^2$, oder $A = 0$, $B = C = 1$, d. h. $y_2 = x + 1$. Gemäß Aufg. 3/1 ergibt sich
$y + x^2 = c(y - x - 1)\, e^{\int \frac{x^2+x+1}{-1+x^3}dx}$ für das allg. Integral y.

40) Man multipliziere mit y. Dann $u = y^2$; $u' = q$.
$q(x - uq) = u(q^2 - 1)$; $u(2q^2 - 1) - qx = 0$ (Langrangesche Glchg.)
$u = q(2q^2 - 1)^{-1} x = f(q)x$; $q = f'(q)\frac{dq}{dx}x + f(q)$; $\frac{dx}{dq} = \frac{xf'(q)}{q - f(q)}$;

$$\log x = \int \frac{f'(q)}{q - f(q)} dq + c = -\int \frac{1 + 2q^2}{2q(q^2 - 1)(2q^2 - 1)} dq + c$$

$y^2 = q(2q^2 - 1)$; damit ist das allgem. Integral in Parameterform bestimmt. Drei singuläre Integrale $y^2 = \alpha_i x(2\alpha_i^2 - 1)^{-1}$; $\alpha_i = 0, 1, -1$ Wurzeln von $q - f(q) = 0$.

41) $yx = u$; $u' = xp + y$, $u - xu' = -\frac{u'^2}{4}$

Allg. Integral: $yx - 2cx + c^2 = 0$.
Singuläres Integral aus $\{(y + px)^2 - 4x^2 p = 0;\ 2(y + px)x - 4x^2 = 0\}$ $y + px = 2x$, also $4x^2(1 - p) = 0$; $p = 1$; $y = x$. Das ist eine singuläre Lösung. Auch $x = 0$ ist eine sing. Lsg., wie Umschreiben auf $q = p^{-1}$ zeigt.

42) Homogene Glchg.: $y = xz$; $zp^2 + p(1 + z^2) + z = 0$; $(z + p)(zp + 1) = 0$
1) $z + p = 0$; $2z + z'x = 0$; $x^2 z = xy = c$. 2) $zp + 1 = zz'x + z^2 + 1 = 0$; $u = 1 + z^2$; $\frac{1}{2}u'x + u = 0$; $ux^2 = c$; $x^2 + y^2 = c$.
Allgemeines Integral: $(xy - c)(x^2 + y^2 - c) = 0$.
Sing. Int.: $\{F_p = 2xyp + x^2 + y^2 = 0;\ F = 0\}$ $p = -(x^2 + y^2) \cdot (2xy)^{-1}$ wird eingesetzt in $F = 0$: $(x^2 + y^2)^2 - 2(x^2 + y^2)^2 + 4x^2y^2 = -(x^2 - y^2)^2 = 0$, $x + y = 0$, $x - y = 0$ sind keine sing. Lsg., dagegen $x = 0$, $y = 0$.

43) $x^6\left(\left(\frac{y}{x}\right)'\right)^4 - (1 + p^2)^2\left(1 + \left(\frac{y}{x}\right)^2\right) = 0$; Polarkoordinaten.

$$r^6 \cos^6\varphi \left(\frac{dx}{d\varphi}\right)^{-4}\left(\frac{d}{d\varphi}\operatorname{tg}\varphi\right)^4 - \left(\frac{dx}{d\varphi}\right)^{-4}(1 + \operatorname{tg}^2\varphi)\left(r^2 + \left(\frac{dr}{d\varphi}\right)^2\right)^2 = 0$$

$$r^2 + \left(\frac{dr}{d\varphi}\right)^2 = r^3 \cos^4\varphi \left(\frac{d}{d\varphi}(\operatorname{tg}\varphi)\right)^2 = r^3;\ \frac{dr}{d\varphi} = \pm r\sqrt{r - 1};$$

$$\sqrt{r - 1} = u;\ \frac{2u\,du}{(u^2 + 1)u} \pm d\varphi = 0;\ \operatorname{arctg}\sqrt{r - 1} \pm \frac{\varphi}{2} = c;$$

$\sqrt{r - 1} = \operatorname{tg}\left(c \pm \frac{\varphi}{2}\right)$. $r = 1$ sing. Lsg.

44) Es fehlt x; $y^2 = p^2 - p^3$; $2y\frac{dy}{dp} = 2p - 3p^2$; $2yp\frac{dx}{dp} = 2p - 3p^2$; $\frac{dx}{dp} = \frac{2 - 3p}{2\sqrt{p^2 - p^3}} = \frac{1}{p\sqrt{1 - p}} - \frac{3}{2\sqrt{1 - p}}$;

$\sqrt{1-p}=t;\ \left\{x=3t+\log\frac{t-1}{t+1}+c;\ y=t-t^3\right\}.$

45) $(y-xp)^2+p=0;\quad y-xp=\sqrt{-p};\quad y=cx+\sqrt{-c}$ ist allg. Int. $4xy=1$ ist sing. Integral.

46) $y-px=\frac{p}{p^2-1};\quad y=cx+\frac{c}{c^2-1};$ Singul. Integral:

$$x+\frac{p^2-1-2p^2}{(p^2-1)^2}=0;\quad \left\{x=\frac{p^2+1}{(p^2-1)^2};\quad y=\frac{2p^3}{(p^2-1)^2}\right\}.$$

47) Die Ber. Tr. $X=\frac{x}{p};\ Y=y-\frac{xp}{2};\ P=\frac{1}{2}p^2$, führt zu $XY=P^2;\ \frac{dY}{\sqrt{Y}}=\sqrt{X}dX;\ \frac{1}{3}X\sqrt{X}-\sqrt{Y}=c.$ Aus

$4xy-2px^2-p^5=0;\ \frac{1}{3}\left(\frac{x}{p}\right)^{\frac{3}{2}}-\left(y-\frac{xp}{2}\right)^{\frac{1}{2}}=c$ ergibt sich

$$4x\left(y-\frac{xp}{2}\right)=p^5;\quad \frac{1}{3}\left(\frac{x}{p}\right)^{\frac{3}{2}}-\frac{p^{\frac{5}{2}}}{2\sqrt{x}}=c;\quad 2x^2-6cp^{\frac{3}{2}}\sqrt{x}=3p^4$$

$\left\{x=x(p,c);\ y=\frac{p^5}{4x}+\frac{xp}{2}=y(p,c)\right\}$ ist das allg. Integral.

Anderer Lösungsweg: Die Transf. $\xi=x^\alpha,\ \alpha=\frac{5}{6}$ liefert eine Lagrangesche Diffgl.

48) Lagrangesche Gleichung. $y=x\frac{p^2+1}{2p}+\frac{p^3-3p}{2};$

$$p=\frac{p^2+1}{2p}+x\frac{4p^2-2p^2-2}{4p^2}\frac{dp}{dx}+\frac{3p^2-3}{2}\frac{dp}{dx};\quad \frac{dx}{dp}\frac{p^2-1}{p}$$

$$=x\frac{p^2-1}{p^2}+3(p^2-1);\quad \frac{dx}{dp}=x\frac{1}{p}+3p;\quad x=cp+3p^2;$$

$$y=\frac{1}{2}(c+3p)(p^2+1)+\frac{p^3-3p}{2}.$$

49) $(yp+x)^2-4y^2=0;$ 1) $yp+x-2y=0.$

$(1-2z)\,dx+z(z\,dx+x\,dz)=0;\ \frac{dx}{x}+\frac{dz}{(1-z)^2}=0;$

$\log x+\frac{1}{1-z}=c;\ y=x\frac{(c-1-\log x)}{c-\log x};$ 2) $yp+x+2y=0;$

$(x+2y)\,dx+y\,dy;\ \log x-\frac{1}{1+z}=c;\ y=x\frac{c+1-\log x}{-c+\log x}.$

$x=0,\ y=x$ sind sing. Lsg.

50) $-xy\,dx + (x^2 - y^4)\,dy = 0$; es gibt integr. Faktor $\mu(y)$. $\mu = y^{-3}$; $-xy^{-2}\,dx + (x^2 - y^4)\,y^{-3}\,dy = 0$; $x^2 + y^4 + cy^2 = 0$.

51) $(p^2 + y^2)^2 + a^2(p^2 + y^2) - 2a^2y^2 = 0$; $p^2 = -y^2 - \frac{a^2}{2}$ $\pm \sqrt{\frac{a^4}{4} + 2a^2y^2}$; $dy\left(-y^2 - \frac{a^2}{2} \pm \sqrt{\frac{a^4}{4} + 2a^2y^2}\right)^{-\frac{1}{2}} = dx$;

$$x = \int \cdots dy + c.$$

52) y habe die Dimension α, p also $\alpha - 1$. Dann haben die ersten drei Summanden die Dimension $2\alpha + 3$, der letzte 4α. Also $\alpha = \frac{3}{2}$, $y = e^{\frac{3}{2}t}\,u$; $x = e^t$; $p = e^{\frac{1}{2}t}\left(\frac{1}{2}\,u + u'\right)$.

$$e^{6t}\left(\left(\tfrac{3}{2}\,u + u'\right)^2 - 3u\left(\tfrac{3}{2}\,u + u'\right) + 2u^2 + u^4\right) = 0;$$

$$u' = \sqrt{\frac{1}{4}\,u^2 - u^4};\quad dx \pm \frac{2\,du}{u\sqrt{1 - 4u^2}} = 0;\quad x \pm \int \frac{2\,du}{u\sqrt{1 - 4u^2}} = c.$$

53) $y^2 = u$; $u'^2 - \frac{2u}{x}\,u' + 4a^2 = 0$; $u' = \frac{u}{x} \pm \sqrt{\frac{u^2}{x^2} - 4a^2}$;

$$\frac{u}{x} = z;\quad xz' + z = z \pm \sqrt{z^2 - 4a^2};\quad \frac{dz}{\sqrt{z^2 - 4a^2}} - \frac{dx}{x} = 0;$$

$$\mathfrak{Ar\,Cos}\left(\frac{y^2}{2a\,x}\right) - \log x = c.$$

54) (Riccati.) Man versucht, ein Partikularintegral zu finden. Ein Polynom als Lösung muß mindestens den Grad 2 haben. Ansatz $y = Ax^2 + Bx + C$ führt zu $y_1 = -x^2 - 1$; $y_2 = -x^2 - \frac{1}{2}$. Dann allgemeines Integral

$$\frac{y + x^2 + 1}{y + x^2 + \frac{1}{2}} \cdot e^{\int \frac{2x}{x^2+1}\,dx} = c;\quad (y + x^2 + 1)(x^2 + 1) = c\left(y + x^2 + \tfrac{1}{2}\right).$$

55) $$x(xp - y)^2 + (2x - 2y)(y^2 - x^2) = 0;$$

$$x^5\left(\frac{d}{dx}\left(\frac{y}{x}\right)\right)^2 - 2(y - x)^2(y + x) = 0;\quad x^2 z'^2 - 2(z - 1)^2(z + 1) = 0.$$

$$x\frac{dz}{dx} \mp (z - 1)\sqrt{2(z + 1)} = 0;\quad \log x + \frac{1}{2}\log\frac{\pm\sqrt{z + 1} + \sqrt{2}}{\pm\sqrt{z + 1} - \sqrt{2}} = c.$$

56) $x - p^2 = u$; $y - u^2 - \frac{2}{3}\,p^3 = 0$; nach x differenziert:

$$0 = p - 2u\frac{du}{dx} - 2p^2\frac{dp}{dx};\ p - 2u\frac{du}{dp}\frac{dp}{dx} - 2p^2\frac{dp}{dx};\ \frac{dx}{dp} = 2p + \frac{du}{dp}$$

$$p\frac{dx}{dp} = 2u\frac{du}{dp} + 2p^2 = p\left(2p + \frac{du}{dp}\right)$$

1) $\frac{du}{dp} = 0; \quad u = A; \quad \left\{x = p^2 + A; \quad y = A^2 + \frac{2}{3} p^3\right\}.$

2) $p - 2u = 0; \quad \left\{x = p^2 + \frac{p}{2}; \quad y = \frac{p^2}{4} - \frac{2}{3} p^3\right\}.$

57) $y^2 - 2ypx + (yp)^3 = 0; \; u = y^2; \; u - xu' + \frac{1}{8} u'^3 = 0;$

(Clairaut) $y^2 = cx - \left(\frac{c}{2}\right)^3$; Sing. Integral: $\left\{x = \frac{3}{8} t^2; y^2 = \frac{1}{4} t^3\right\}.$

58) $\mu = x + y$ ist int. Faktor. Lsg.: $3y^4 + 4xy^3 + 2(x^2 + 1)y^2 + 4x^3y + x^2(3x^2 + 2) + xy = c.$

59) $z = x^2 + y^2 + a^2; \left(x - \frac{y^2}{\frac{z'}{2} - x}\right) z' = 2a^2; \left(x \frac{z'}{2} - x^2 - y^2\right) z'$

$$= \left(\frac{z'}{2} - x\right) 2a^2; \; \left(x \frac{z'}{2} - z + a^2\right) z' = 2a^2\left(\frac{z'}{2} - x\right);$$

$2zz' = x(z'^2 + 4a^2)$; Lagrange $\left\{x = cp; \quad z = \frac{c}{2}(p^2 + 4a^2)\right\}.$
Sing. Lsg.: $z = \pm 2ax.$

60) $y(3x^2 + y^2)\, dx - 2x^3\, dy = 0$ ist homogen vom Grade drei.
$y = xz. \quad (3z + z^3)\, dx - 2x\, dz - 2z\, dx = 0; \quad \frac{dx}{x} - \frac{2dz}{z + z^3} = 0$
$\frac{1}{2} \log x - \log z + \frac{1}{2} \log(1 + z^2) = C; \; \frac{x(1 + z^2)}{z^2} = c;$
$x(x^2 + y^2) - cy^2 = 0.$

61) (Lagrange) $p = p^2 + (2px + f'(p)) \frac{dp}{dx}; \; \left(f = \frac{2p - 1}{(p-1)^2}\right)$
$\frac{dx}{dp}(p - p^2) - 2px = f'(p); \quad x = c(p-1)^{-2} - 2(p-1)^{-3}$
Sing. Lsg.: $p = 0 : y = -1.$

62) $u = y + x; \quad u = \left(\frac{u'}{u' - 2}\right)^2; \quad \frac{du(\sqrt{u} - 1)}{2\sqrt{u}} - dx = 0;$
$\frac{u}{2} - \sqrt{u} - x = c; \; (y - x - 2c)^2 = 4(x + y)$; Sing. Lsg.: $u = y + x = 0.$

63) (Lagrange) $2p = p + \frac{1}{p} + x\left(1 - \frac{1}{p^2}\right)\frac{dp}{dx} + (p^2 - 1)\frac{dp}{dx};$
$\left(p - \frac{1}{p}\right)\frac{dx}{dp} = x\left(1 - \frac{1}{p^2}\right) + p^2 - 1; \; \frac{dx}{dp} = x\frac{1}{p} + p$

$\left\{x = cp + p^2;\ \ y = \frac{1}{2}(cp + p^2)\left(p + \frac{1}{p}\right) + \frac{1}{2}\left(\frac{p^3}{3} - p + 1\right)\right\};$
Sing. Int.: $p = \pm 1$; $2y = 2x + 1/3$; $2y = -2x + 5/3$.

64) (Riccati) $y_1 = \frac{1}{x}$ ist Lsg. $y = y_1 + u$; $y_1' + u' + y_1^2 + 2uy_1 + u^2 - ax^{-1}y_1 - ax^{-1}u + ax^{-2} = 0$; $u' + u^2 + u(2y_1 - ax^{-1}) = 0$; $\frac{d}{dx}\left(\frac{1}{u}\right) - \frac{1}{u}(2x^{-1} - ax^{-1}) - 1 = 0$;

$u^{-1} = cx^{2-a} + \frac{x}{a-1}$; $y = x^{-1} + u$, allg. Int.

65) (Bernoulli) $u = y^{-1}$; $u' \cos 2x - 2u \operatorname{tg} x - 1 = 0$; hom. Gl.: $U' : U = \int \frac{2 \operatorname{tg} x}{\cos 2x}\, dx$; $\cos x = t$; $U = -\cos^2 x \cdot \cos^{-1} 2x$;

inhom. Gl.: $u = c\,\frac{\cos^2 x}{\cos 2x} + \frac{1}{2}\operatorname{tg} 2x$.

66) $\frac{dp}{p^3 - p^2} = \frac{dx}{1 - x^2}$; $\frac{1}{p} - \log p + \log(p-1)$

$= \frac{1}{2}\log\frac{1+x}{1-x} + c_1$; $x = \frac{C_1(p-1)^2 e^{\frac{1}{2p}} - p^2}{C_1(p-1)^2 e^{\frac{1}{2p}} + p^2} = \varphi(p, C_1)$; $dy = p\,dx$

$= \frac{1 - x^2}{p^2 - p}\, dp = \frac{1 - \varphi^2}{p^2 - p}\, dp = \psi(p, C_1)\, dp$; $y = \int \psi(p, C_1) dp + C_2$.

67) $r(y^2 - x^2) + (1 - p^2)\, y^2 \frac{d}{dx}\left(\frac{x}{y}\right) = 0$;

$$\frac{\frac{dp}{dx}}{1 - p^2} + \frac{\frac{d}{dx}\left(\frac{x}{y}\right)}{1 - \left(\frac{x}{y}\right)^2} = 0;\ \ \log\frac{1+p}{1-p} + \log\frac{1 + \frac{x}{y}}{1 - \frac{x}{y}} = c_1;$$

$\frac{1+p}{1-p}\,\frac{y+x}{y-x} = C_1$; $zx = y$; $\frac{x\,dz + z\,dx + dx}{dx - x\,dz - z\,dx}\,\frac{z+1}{z-1} = C_1$;
$dx((z+1)^2 + C_1(z-1)^2) + x\,dz(z(1 + C_1) + 1 - C_1) = 0$
$c_2 = x^2 + y^2 + yx\bar{c}_1$.

68) $x \cdot \left(\frac{1}{p}\right)' - \frac{1}{p} + x^3 = 0$; $\frac{1}{p} = \frac{c_1}{2}x - \frac{1}{2}x^3$;

$y = 2\int \frac{dx}{c_1 x - x^3} + c_2$.

69) $x^2 \frac{yr - p^2}{y^2} + 1 = 0$; $\frac{d}{dx}\left(\frac{p}{y}\right) = -x^{-2}$; $\frac{p}{y} = \frac{1}{x} + C_1$, $\log y = \log x + c_1 x + c_2$; $y = C_2 x \cdot e^{c_1 x}$.

70) $r = \frac{dp}{dy} \cdot p$; $p\left(\frac{dp}{dy} \sin y - \cos y \cdot p\right) = 0$; $p = 0$; $y = c_1$; $\frac{dp}{dy} \sin y - \cos y \cdot p = \sin^2 y \frac{d}{dy}\left(\frac{p}{\sin y}\right) = 0$; $p = c_1 \sin y$; $\frac{dy}{\sin y} = c_1 dx$; $c_1 x - \log \operatorname{tg} \frac{y}{2} = c_2$.

71) $r \cdot p = \frac{p}{\sin y}$; $\frac{p^2}{2} - \log \operatorname{tg} \frac{y}{2} = c_1$; $x = \int \frac{dy}{\sqrt{2 \log \operatorname{tg} \frac{y}{2} + 2c_1}} + c_2$.

72) $\frac{r}{p+1} - \frac{p}{y} = 0$; $\log (p+1) - \log y = C$; $p = c_1 y + 1$; $y = -\frac{1}{c_1} + c_2 e^{c_1 x}$.

73) $\frac{d}{dx}\left(\frac{p}{y}\right) = \frac{1}{y^2}$; $\frac{d}{dy}\left(\frac{p}{y}\right) \frac{p}{y} = y^{-3}$; $\left(\frac{p}{y}\right)^2 + y^{-2} = c_1$ $p^2 = c_1 y^2 - 1$; $\frac{dy}{\sqrt{c_1 y^2 - 1}} - dx = 0$;

74) $3(rp + yp)(y^2 + p^2)^{\frac{1}{2}} = 3ap$; $(y^2 + p^2)^{\frac{3}{2}} = 3ay + c_1$; $p^2 = (3ay + c_1)^{\frac{2}{3}} - y^2$; $x = \int \frac{dy}{\sqrt{(3ay + c_1)^{\frac{2}{3}} - y^2}} + c_2$.

75) Ansatz: $y = c_0 + c_1 x + c_2 x^2$; $c_0 - c_1^2 - 4c_2^2 = 0$. Allg. Int.: $y = c_1^2 + 4c_2^2 + c_1 x + c_2 x^2$. Differenziere! $y''' = 0$.

76) $\frac{y''}{y'} = u$; $\frac{\varphi''}{\varphi'} = \psi$; $u' - \frac{1}{2} u^2 = \psi' - \frac{1}{2} \psi^2$; (Riccati) Part. Lsg. $u_1 = \psi$; $u = z + \psi$; $z' - \frac{1}{2} z^2 - \psi z = 0$;

$$z^{-1} = \frac{c_1}{2} e^{-\int \psi dx} - \frac{1}{2} e^{-\int \psi dx} \int e^{\int \psi dx} dx = \frac{c_1}{2} \varphi'^{-1}$$

$$- \frac{1}{2} \varphi'^{-1} \int \varphi' dx = \frac{c_1}{2} \varphi'^{-1} - \frac{1}{2} \varphi \varphi'^{-1}; \quad z = \frac{2\varphi'}{c_1 - \varphi};$$

$$\frac{y''}{y'} = u = \frac{2\varphi'}{c_1 - \varphi} + \frac{\varphi''}{\varphi'}; \quad y' = \frac{c_2 \varphi'}{(c_1 - \varphi)^2};$$

$$y = \frac{c_2}{c_1 - \varphi} + c_3 = \frac{C_1 \varphi + C_2}{C_3 - \varphi}.$$

77) y'' läßt sich als unbekannte Funktion u auffassen. p, r seien die Ableitungen von u: $u\ r - \frac{5}{3} p^2 = 0$; $3 \frac{r}{p} - 5 \frac{p}{u} = 0$; $p^3 = c_1^3 u^5$; $\frac{du}{c_1 u^{\frac{5}{3}}} - dx = 0$; $C_1 u^{-\frac{2}{3}} - x = C_2$; $y'' = u = (c_1 x + c_2)^{-\frac{3}{2}}$

$$y' = -(c_1 x + c_2)^{-\frac{1}{2}} \frac{2}{c_1} + c_3; \quad y = -\frac{4}{c_1^2} (c_1 x + c_2)^{\frac{1}{2}} + c_3 x + c_4.$$

78) Aus $\Phi = 0$; $\frac{d\Phi}{dx} = 0$ ist c zu eliminieren oder aus $\Phi = 0$, $\frac{d\Phi}{dx} = 0 = \frac{d^2\Phi}{dx^2}$ sind c_1, c_2 zu eliminieren usw.

a) $y'^3 - 27y^2 = 0$; b) $y'''y - y''y' = 0$; c) $y'^3 + xy' - y = 0$; d) $y'^2(y^4 + 2x^4 y^3 - x^{10}) + 2x^3 yy'(y^2 + 2x^2 y + x^6) + 4x^2 y^2 (2x^6 - y^3) + 4x^{10} = 0$.

79) Man differenziert F neunmal; aus den sechs Gleichungen $d^k F = 0 (4 \leqq k \leqq 9)$, die linear homogen in den sechs Größen $A, Bx + C, B$; $Ex^2 + Fx + G$; $2Ex + F, 2E$ sind, erhält man als notwendig und hinreichend das Verschwinden der Determinante dieses Systems von 6 Gleichungen: $\triangle = 0$.

1. Kolonne: $(y^3)^{(4)}, (y^3)^{(5)}, \ldots, (y^3)^{(9)}$. 2. Kolonne: $(y^2)^{(4)}, \ldots, (y^2)^{(9)}$. 3. Kolonne: $4(y^2)^{(3)}$; $5(y^2)^{(4)}, \ldots 9(y^2)^{(8)}$; 4. Kolonne: $(y)^{(4)}, \ldots, y^{(9)}$. 5. Kolonne: $4y^{(3)}, 5y^{(4)}, \ldots, 9y^{(8)}$. 6. Kolonne: $\binom{4}{2} y''$; $\binom{5}{2} y''', \ldots \binom{9}{2} y^{(7)}$.

80) $\Phi = 0$; $\frac{d\Phi}{dx} = y' - c_1 \cos\left(\frac{n}{x} + c_2\right) - c_1 \frac{n}{x} \sin\left(\frac{n}{x} + c_2\right) = 0$

$$\frac{d^2\Phi}{dx^2} = y'' + c_1 \frac{n^2}{x^3} \cos\left(\frac{n}{x} + c_2\right);$$ daraus: $y'' + n^2 x^{-4} y = 0$.

81) $(ye^{-n \cdot x})'' = 0$, also $y'' - 2my' + m^2 y = 0$.

82) $dy\, f(y)^{\frac{1}{n}} = dx \cdot x^{\frac{1}{n}}$; $n \neq -1$:

$$x = \left[\frac{n+1}{n} \int f(y)^{\frac{1}{n}} dy + C\right]^{\frac{n}{n+1}} \qquad n = -1: x = c\ e^{\int \frac{dy}{f(y)}}.$$

83) $dy\, y^{-\frac{1}{n}} = dx\, f(x)^{-\frac{1}{n}}$ ist identisch mit Aufg. 82 bei Vertauschung von x und y und $(-n)$ anstelle n.

84) $u = y^2$; $u' = 2yp$; $f\left(\frac{xu'}{2}\right) = \sqrt{u}$. Falls es intervallweise eine Umkehrfunktion gibt, gilt: $\frac{xu'}{2} = \varphi(\sqrt{u})$;

$$2 \log x = \int \frac{du}{\varphi(\sqrt{u})} + c; \; x = Ce^{\int \frac{y}{\varphi(y)} dy}.$$

85) $y^2 = u$; $\frac{u'}{2} - x = f\left(u - \frac{u'^2}{4}\right)$; $u = x^2 + v$;
$v' = 2f\left(v + x^2 - \frac{(v' + 2x)^2}{4}\right) = 2f\left(v - \frac{v'^2}{4} - v'x\right)$; φ Umkehrfkt. von f. $v - v'x = \frac{v'^2}{4} + \varphi\left(\frac{v'}{2}\right) = \psi(v')$. Das ist eine Clairautsche Gleichung. $y^2 = x^2 + cx + \psi(c)$. Singuläres Integral: $x = -\psi'(q)$; $y^2 = \psi'^2(q) - q\psi'(q) + \psi(q)$.

86) $x = \xi^m$ führt zu der Clairautschen Gleichung:

$$y - \xi\bar{p} = f\left\{\left(\frac{\bar{p}}{m}\right)^m\right\} = F(\bar{p}).$$

87) $F(u, v) = 0$; $F_u \frac{du}{dx} + F_v \frac{dv}{dx} = F_u\left(p + p\frac{dp}{dx} G''(p)\right) + F_v\left(1 + G''(p)\frac{dp}{dx}\right) = 0$. 1) $1 + G''(p)\frac{dp}{dx} = 0$; $x + G'(p) = c$; $F(u, c) = 0$ ergebe $u = f(c)$. $y = G(p) - pG'(p) + f(c)$; $x = -G'(p) + c$ ist das allgemeine Integral in Parameterform. 2) $F_u \cdot p + F_v = 0$ und $F = 0$ ergebe $u = g(p)$, $v = h(p)$. $y = G(p) - pG'(p) + g(p)$; $x = -G'(p) + h(p)$ ist ein sing. Integral.

88) $F\left(x^2\frac{y''}{y}, \frac{xy'}{y}, 1\right) = 0$; $x^2\frac{y''}{y} = \varphi\left(\frac{xy'}{y}\right)$; $xy' = u$ als neue unbek. Fkt. gewählt. $\frac{du}{dy} = \frac{du}{dx} : y' = (y' + xy'') : y' = 1 + \frac{xy''}{y'}$;
$u\frac{du}{dy} = u + x^2y''$; $u\frac{du}{dy} - u = y\varphi\left(\frac{u}{y}\right)$; $\frac{du}{dy} = 1 + \frac{y}{u}\varphi\left(\frac{u}{y}\right)$. Das ist eine hom. Gl. $z = u : y$ führt durch Quadratur zur Lösung.

89) Nach x differenziert: $p^2r - p^2r - yr^2 - ypr' + pf'(y) + yf''(y)p - f'(y)p = F'(pr - f'(y))(r^2 + pr' - f''(y)p)$.

$$(r^2 + pr' - f''(y)p)\left(F'(pr - f'(y)) + y\right) = 0,$$

1) $0 = r^2 + pr' - pf''(y) = \frac{d}{dx}(pr - f'(y))$; $pr - f'(y) = c_1$;

$p^2 \frac{dp}{dy} - f'(y) = c_1$; $\frac{p^3}{3} - f(y) = c_1 y + c_2$; $dy(f(y) + c_1 y + c_2)^{-\frac{1}{3}}$ $= \sqrt[3]{3}\, dx$; $\sqrt[3]{3}\, x = \int (f(y) + c_1 y + c_2)^{-\frac{1}{3}} dy + c_3$. Da wir differenziert haben, so sind nicht alle diese Funktionen auch Lösungen. Doch gilt für alle $\frac{p^3}{3} - f(y) = c_1 y + c_2$; $pr - f'(y) = c_1$. In der ursprünglichen Glchg. ergibt sich daher $c_1 y + c_2 - y c_1 = F(c_1)$. Daher Lösungen: $\sqrt[3]{3}x = \int (f(y) + c_1 y + F(c_1))^{-\frac{1}{3}} dy + c_2$.

2) $F'(pr - f'(y)) + y = 0$; $pr - f'(y) = \varphi(y)$; $p^2 \frac{dp}{dy}$ $= \varphi(y) + f'(y) = \psi(y)$; $p^3 = 3\int\limits_0 \psi(y)\, dy + 3c_1$;

$\sqrt[3]{3}dx = dy\left(c_1 + \int \psi dy\right)^{-\frac{1}{3}} = X(y)\, dy$; $x = \sqrt[3]{3^{-1}} \int X(y)\, dy + c_2$. Für alle diese Funktionen gilt $pr - f'(y) = \varphi(y)$; $\frac{1}{3} p^3 - f(y) + f(0)$ $= \int\limits_0 \varphi(y)\, dy + c_1$. Es ist ferner die Diffgl. bis auf eine add. Konstante erfüllt. Also gilt $c_1 + \int\limits_0 \varphi(y)\, dy - y\varphi(y) - f(0) = F(\varphi(y))$

Daher muß $c_1 = F(\varphi(0)) + f(0)$ gewählt werden.

90) $xp - y = u$; $u' = xr$; $u' f(x) = xF(u)$; $\int \frac{du}{F(u)} - \int \frac{xdx}{f(x)}$ $= F_1(u) - F_2(x) = c_1$; $u = \varphi_1(F_2(x) + c_1) = F_3(x, c_1)$. (Es ist φ_1 Umkehrf. von F_1); $xp - y = F_3(x, c_1)$; $y = x\int x^{-2} F_3(x, c_1)\, dx + c_2 x$.

91) $F(u, v, w) = 0$; $F_u \frac{dr}{dx} + F_v\left(-x\frac{dr}{dx}\right) + F_\omega \frac{1}{2} x^2 \frac{dr}{dx} = 0$

1) $\frac{dr}{dx} = 0$; $y = Ax^2 + Bx + C$, wobei $F(2A, B, C) = 0$ sein muß. Das ist das allgemeine Integral.

2) $F_u - xF_v + \frac{1}{2} x^2 F_\omega = \frac{\partial F}{\partial r} = 0$; dazu kommen $F(u, v, w) = 0$ und die Identität $w = y - xv - \frac{1}{2} x^2 u$. Daraus lassen sich u, v, w i. a. als Funktionen von x und y berechnen: $u = u(x, y)$, $v = v(x, y)$, $\omega = \omega(x, y)$. Aus $y' = xu + v = p(x, y)$ erhält man ∞^1 Integrale, die singuläre Integrale der ursprünglichen Gleichung sind. $F(u, v, w)$ $= F^*(x, y) = 0$ ist Diskriminantenort.

92) Die Substitution $f(y)g(x) + h(x) = \eta$, $\varphi(x) = \xi$ ergibt die Gleichung $F\left(\frac{\eta}{\xi}, \frac{d\eta}{d\xi}\right) = 0$; Elimination von $\frac{d\eta}{d\xi}$ führt zu $\frac{d\eta}{d\xi} = f\left(\frac{\eta}{\xi}\right)$. Das ist eine homogene Gleichung 1. Ordnung.

93) Bestimmung von $p(x)$ durch den Ansatz $y = \sqrt{x}$; $p(x) = \frac{3}{8}$. Integrationsansatz: $y = x^r$ liefert $r_1 = 1/2$, $r_2 = \frac{5 + \sqrt{13}}{4}$, $r_3 = \frac{5 - \sqrt{13}}{4}$. Allg. Int.: $y = c_1 x^{r_1} + c_2 x^{r_2} + c_3 x^{r_3}$.

94) Aus $\Phi \equiv \sqrt{P(x)Q(y)} - \sqrt{P(y)Q(x)} - c(x - y) = 0$ und $\frac{d\Phi}{dx} = 0$ wird c eliminiert. Unter Benutzung der Tatsache, daß P und Q Polynome zweiten Grades sind, findet man:

$$\frac{dx}{\sqrt{P(x)Q(x)}} = \frac{dy}{\sqrt{P(y)Q(y)}}.$$

95) $y = \sum_0^\infty a_k x^k$; $(k + 2)(k + 1)\, a_{k+2} = (k - n)\, a_k$

$$a_{2k} \cdot (2k)! = (2k - n - 2)(2k - n - 4) \cdots (-n)\, a_0;$$
$$a_{2k+1}(2k + 1)! = (2k - n - 1)(2k - n - 3)(1 - n)\, a_1$$

a_0, a_1 beliebig.

96) Ansatz: $y = \sum_{\nu=0}^\infty a_\nu x^{\varrho - \nu}$;

$$1)\ \varrho = n: y_1 = x^n - \frac{n(n-1)}{2} \frac{1}{2n-1} x^{n-2} + \frac{n(n-1)(n-2)(n-3)}{2 \cdot 4} \frac{1}{(2n-1)(2n-3)} x^{n-4} - \cdots$$

$$2)\ \varrho = -(n+1): y_2 = x^{-n-1} + \frac{(n+1)(n+2)}{2} \frac{1}{2n+3} x^{-n-3} + \frac{(n+1)(n+2)(n+3)(n+4)}{2 \cdot 4} \frac{1}{(2n+3)(2n+5)} x^{-n-5} + \cdots$$

Konvergenz für $|x| > 1$. Ist n positiv ganzzahlig, dann ist y_1 ein Polynom: $y_1 \cdot \frac{(2n)!}{2^n (n!)^2} = P_n(x)$ Legendre-Polynom. Für die zweite Lösung gilt, wie direkter Koeffizientenvergleich zeigt,

$$y_2 = x^{-n-1} F\left(\frac{n+1}{2}, \frac{1}{2} n + 1;\ n + \frac{3}{2};\ x^{-2}\right),$$

wo F die hypergeometrische Reihe bezeichnet.

97) $y = \sum_{0}^{\infty} c_n x^n$; $c_1 = c_3 = 0$; c_0, c_2 beliebig. $c_n = \frac{4}{n(n-2)} \cdot c_{n-4}$ $(n \geqq 4)$; $c_{4k+1} = c_{4k+3} = 0$; $c_{4k} = \frac{c_0}{(2k)!}$; $c_{4k+2} = \frac{c_2}{(2k+1)!}$.

$y = c_0 \sum_{0}^{\infty} \frac{x^{4k}}{(2k)!} + c_2 \sum_{0}^{\infty} \frac{x^{4k+2}}{(2k+1)!}$; Allg. Integral: $y = C_1 \operatorname{Cos} x^2 + C_2 \operatorname{Sin} x^2$.

98) $L \equiv x^2 y'' - 4xy' - x^2 y = 0$;

$y = \sum_{0}^{\infty} c_k x^{k+\alpha}$; $(c_{-1} = c_{-2} = 0)$;

$$L(y) = \sum_{0}^{\infty} x^{k+\alpha}\left[(k+\alpha)(k+\alpha-1)c_k - 4(k+\alpha)c_k - c_{k-2}\right];$$

$$c_k = c_{k-2} \frac{1}{(k+\alpha)(k+\alpha-5)}.$$

Die beiden Wurzeln von $f(\alpha) = \alpha(\alpha - 5)$ unterscheiden sich also um eine ganze Zahl. Für $\alpha = 5$ ergibt sich $0 = c_1 = c_3 = \cdots = c_{2k+1}$; c_0 willkürlich

$c_2 = c_0 \frac{1}{7 \cdot 2}$; $c_4 = \frac{c_0}{(5+2)(5+4) 2 \cdot 4}$; ...

$$c_{2k} = \frac{c_0}{(5+2)(5+4)\cdots(5+2k) 2 \cdot 4 \cdot 6 \cdot (2k)};$$

$$y_1 = c_0 \sum_{k=0}^{\infty} \frac{x^{2k}}{(2k)!} \frac{1 \cdot 3 \cdot 5}{(2k+1)(2k+3)(2k+5)}.$$

Wählen wir $\alpha = 0$ und setzen $c_0 = 0$, dann wird $c_{2k} = 0$. $c_{-1} = c_1 = c_3 = 0$. c_5 ist willkürlich. $c_7 = c_5 \frac{1}{7(7-5)}$; $c_9 = c_5 \frac{1}{7 \cdot 2 \cdot 9 \cdot 4}$;

$$c_{2k+1} = c_5 \frac{1 \cdot 3 \cdot 5(2k-2) \cdot 2k}{(2k+1)!}; \quad y_2 = c_0' \sum_{2}^{\infty} \frac{x^{2k+1}}{(2k+1)!} k(k-1).$$

Wir haben hier den Sonderfall, wo trotz ganzzahliger Wurzeldifferenz auch das zweite Integral logarithmenfrei ist.

99) $l(r) = r^n + a_1 r^{n-1} \cdots + a_n = 0$ habe lauter einfache Wurzeln r_ν. Dann ist auf Grund der Partialbruchzerlegung

$$A_0 + A_1 x + A_2 x^2 \cdots = \sum_{\nu=1}^{n} \frac{C_\nu}{1 - r_\nu x}$$

$C_\nu = C_\nu(a, c)$. Da $(1 - x)^{-1} = 1 + x + x^2 + \cdots$ und $e^x = 1 + \frac{x}{1!} + \frac{x^2}{2!} \cdots$ ist, so folgt $A_0 + \frac{A_1}{1!} x + \cdots = \sum_{\nu=1}^{n} C_\nu e^{r_\nu x}$. Bei mehrfachen Wurzeln läuft der Beweis ähnlich.

100) Der größte gemeinsame Teiler sei $T(D)$. Dann hat $T = 0$ als Lösungen alle gemeinsamen Lösungen von $P = 0$ und $Q = 0$. Solche gemeinsamen Lösungen haben wir zu finden. — $x^3 Q(y) + (x^2 + 1) P(y) = (2x^4 + 5x^3 + 1)((x^2 + 1) y' - xy) = 0$; $y = c\sqrt{x^2 + 1}$ ist nun in der Tat gemeinsame Lösung. Jetzt kann man (G. D. 65) sowohl für $P = 0$, wie $Q = 0$ ein zweites Integral finden und hat so das allgemeine Integral jeder der beiden Gleichungen.

101) $DP = p_0' D^n \cdots + p_k' D^{n-k} \cdots + p_n' + p_0 D^{n+1} \cdots + p_k D^{n-k+1} \cdots + p_n D$; $PD = p_0 D^{n+1} \cdots + p_n D$; $DP - PD = p_0' D^n \cdots + p_k' D^{n-k} \cdots + p_n' = 0$; $p_k' = 0$; $p_k = a_k$.

102) $PD^2 = p_0 D^{n+2} \cdots + p_n D^2$; $D^2 P = p_0 D^{n+2} \cdots + p_n D^2 + 2p_0' D^{n+1} \cdots + 2p_n' D + p_0'' D^n \cdots + p_n''$; $D^2 P - PD^2 = 2p_0' D^{n+1} + (p_0'' + 2p_1') D'' \cdots + (p_{n-1}'' + 2p_n') D + p_n'' = 0$. Also $p_0' = 0$; $p_0 = a_0$; $p_1' = 0$; $p_1 = a_1$; $\cdots p_n' = 0$; $p_n = a_n$.

103) Zeigen wir zunächst, daß $L_n = D^n(\pi D^n)$ ein selbstadjungierter Ausdruck ist, d. h. gemäß G. D. 72, daß $uL_n(y) - yL(u)$ ein totales Differential ist. Das ist richtig für $n = 0$ ($P_0 \equiv 0$). Es sei für $(n-1)$ bewiesen.

$$uD^n(\pi D^n(y)) - yD^n(\pi D^n(u)) = D(uD^{n-1}(\pi D^n(y)))$$
$$- u'D^{n-1}(\pi D^n(y)) - D(yD^{n-1}(\pi D^n(u))) + y'D^{n-1}(\pi D^n(u))$$
$$= D[uD^{n-1}(\pi D^n(y)) - yD^{n-1}(\pi D^n(u))] - \frac{d}{dx}(P_{n-1}(u', y'))$$
$$= \frac{d}{dx}(P_n).$$

Nun ist vorausgesetzt: $Q = p_0 D^{2n} \cdots + p_{2n}$ ist selbstadjungiert.
Beh.: $Q \equiv D^n(\pi_0 D^n) + D^{n-1}(\pi_1 D^{n-1}) + \cdots + \pi^n$.
Beweis: $Q_1 = Q - D^n(p_0 D^n) = p_0 D^{2n} + p_1 D^{2n-1} + \cdots - p_0 D^{2n} - \binom{n}{1} p_0' D^{2n-1} \ldots$ ist selbstadjungiert als Differenz zweier solcher Ausdrücke. Die Adjungierte von Q ist

$$\overline{Q} = p_0 D^{2n} + \left(\binom{2n}{1} p_0' - p_1\right) D^{2n-1} + \cdots$$
$$= \sum_{i=0}^{2n} \sum_{k=0}^{i} (-1)^k \binom{2n-k}{2n-i} p_k^{(i-k)} D^{2n-i}.$$

Wegen $\overline{Q} = Q$ ist $np_0' = p_1$. Daher ist Q_1 in D vom Grade kleiner oder gleich $2(n-1)$. Im Falle des Gleichheitszeichen können wir durch Induktion schließen

$$Q_1 = D^{n-1}(\pi_1 D^{n-1}) + \cdots,$$

woraus die Behauptung für Q folgt. Ist der Grad von Q_1 kleiner als $2(n-1)$

$$Q_1 = \left(p_2 - \binom{n}{2} p_0''\right) D^{2n-2} + \left(p_3 - \binom{n}{3} p_0'''\right) D^{2n-3} + \cdots,$$

so ergibt sich mit Hilfe der aus der Selbstadjungiertheit von Q folgenden Identität

$$\binom{2n}{3} p_0''' - \binom{2n-1}{2} p_1'' + \binom{2n-2}{1} p_2' - p_3 = p_3,$$

daß mit $p_2 - \binom{n}{2} p_0'' = 0$ auch $p_3 - \binom{n}{3} p_0''' = 0$ gilt. Es läßt sich auch allgemein schließen, daß Q_1 immer von gerader Ordnung und daher der Induktionsschluß möglich ist.

104) $F(x, y, y', \ldots, y^{(n)}) = 0$ sei die abgebr. Diffgl. für y. Es gilt auch $F_1 = \frac{d}{dx} F = 0$ und F_1 ist ebenfalls algebraisch. Eliminiert man aus $F = 0$, $F_1 = 0$ die Größe y, so ergibt sich eine alg. Glchg. $G(x, y', y'', \ldots, y^{(n+1)}) = 0$. Nun ist $y' = \frac{z'}{z}$; $y'' = \frac{z''}{z} - \left(\frac{z'}{z}\right)^2$ usw. Das ergibt aus $G = 0$ eine alg. Glchg. $H(x, z, z', \ldots, z^{(n+1)}) = 0$.

105) Adjungierte von $L(y)$ ist $\overline{L}(u) = u'' - p_1 u' + (p_2 - p_1')u = 0$. $u L(y) - y\overline{L}(u) = \frac{d}{dx}(P(y, u))$; $P = p_1 yu + y'u - yu'$. Sei $u = c_1 u_1 + c_2 u_2$ das allg. Integral von $\overline{L}(u) = 0$. Es ist $P(y_1, u) = C_1 = p_1 y_1 u + y_1' u - y_1 u'$; $P(y_2, u) = C_2 = p_1 y_2 u + y_2' u - y_2 u'$. $u = (C_1 y_2 - C_2 y_1)(y_1' y_2 - y_2' y_1)^{-1}$. Das ist also das allgemeine Integral.

106) $p = c$; $y = cx + \varphi(c) = A_0(x) c^2 + A_1(x) c + A_2(x)$; $c = A_0'(x) c^2 + A_1'(x) c + A_2'(x)$. Also: $A_0' = A_2' = 0$; $A_1' = 1$; $A_0 = a_0$; $A_2 = a_2$; $A_1 = x + a_1$; $\varphi(c) = a_0 c^2 + a_1 c + a_2$; $y = px + a_0 p^2 + a_1 p + a_2$ (Clairaut); sing. Int. $\{x = -2a_0 p - a_1$; $y = -a_0 p^2 + a_2\}$.

107) $y_1 y_2 = 1$; $\left(\frac{1}{y_1}\right)'' + p\left(\frac{1}{y_1}\right)' + q\frac{1}{y_1} = 0$; $\frac{-y_1''}{y_1^2} + 2\frac{y_1'^2}{y_1^3} - p\frac{y_1'}{y_1^2} + q\frac{1}{y_1} = 0$; $y_1'' + py_1' + qy_1 = 2qy_1 + 2\frac{y_1'^2}{y_1} = 0$;

$q = -\left(\frac{y_1'}{y_1}\right)^2$; $y_1'' + py_1' = \frac{y_1'^2}{y_1}$; $p = \frac{y_1'^2 - y_1 y_1''}{y_1 y_1'} = \left(\frac{y_1}{y_1'}\right)' \cdot \frac{y_1'}{y_1}$; $2pq + q' = 0$. Das ist die gewünschte Beziehung zwischen p und q. Die Diffgl. läßt sich integrieren: $y_1 = e^{\int \sqrt{-q}\,dx}$; $y_2 = y_1^{-1}$. Für $p = x^{-1}$ ergibt sich $q = Ax^{-2}$.

108) $\frac{\partial \varphi}{\partial x} + \varphi^2 + P\varphi + Q = 0$; $\frac{\partial^2 \varphi}{\partial x \partial c} + 2\varphi \frac{\partial \varphi}{\partial c} + P \frac{\partial \varphi}{\partial c} = 0$; $\frac{\partial^2 \varphi}{\partial x \partial c} : \frac{\partial \varphi}{\partial c} + 2\varphi + P = 0$; $\log \frac{\partial \varphi}{\partial c} + 2\int \varphi\,dx + \int P\,dx = C$.

109) Es soll $f_z z' + f_{z'} \cdot z'' + f^2(z, z') + P(x) f(z, z') + Q = \Phi \cdot (z'' + Pz' + Qz)$ sein, wobei der Faktor Φ abhängen kann von x und z, aber nicht von z', da sonst keine Äquivalenz zwischen der Riccatischen und der linearen Gl. bestünde. Es muß $f_{z'} = \Phi$; $f(z, z') = \Phi(x, z) \cdot z' + g(z)$ gelten. Also ist Φ unabhängig von x. $(\Phi'(z) z' + g'(z)) z' + \Phi(z) z'' + (z'\Phi + g)^2 + P(\Phi z' + g) + Q = \Phi z'' + \Phi P z' + \Phi Q z$; rechts kommt z'^2 nicht vor. Daher $\Phi'(z) + \Phi^2(z) = 0$; $\Phi(z) = z^{-1}$. Daraus folgt leicht $g = 0$. Die Transf. $y = z' : z$ führt also die Riccatische Gl. in die lineare über.

110) Von der Aufg. 110) zu Aufg. 95) führt die Substitution $u = y\,e^{-\frac{x^2}{4}}$, gemäß dem allgemeinen Prinzip, den Koeffizienten der $(n-1)$ten Ableitung einer lin. Gl. n-ter Ordnung Null zu machen. Also $y = ue^{\frac{x^2}{4}}$ leistet das Verlangte.

111) Part. Int. $y = x$; Ansatz: $y = x + z$; $z' + P(x)(z^2 + 2zx) = 0$; $z^{-1} = ce^{\int 2xP\,dx} + e^{\int 2xP\,dx} \int e^{-\int 2xP\,dx} P(x)\,dx$; z soll immer rational sein. Also $e^{\int 2xP\,dx} = R(x)$; $P = \frac{R'}{R} \cdot \frac{1}{2x}$; ferner muß $\int R^{-1} \cdot P\,dx = \int R^{-2} R' \frac{1}{2x}\,dx$ rational sein. Partielle Integr. $\int \frac{1}{Rx^2}\,dx$ muß rational sein.

112) $(y_1 + y_2)' = a(y_1^2 + y_2^2) + b(y_1 + y_2) + 2c = a(y_1 + y_2)^2 - 2ay_1 y_2 + b(y_1 + y_2) + 2c = a(y_1 + y_2)^2 + (b - 2a)(y_1 + y_2) + 2c$; $(y_1 + y_2)' = (y_1 y_2)' = y_1' y_2 + y_1 y_2' = a y_1 y_2 (y_1 + y_2) + 2b y_1 y_2 + c(y_1 + y_2) = a(y_1 + y_2)^2 + (y_1 + y_2)(2b + c)$. Also:

$y_1 + y_2 = (A =) \frac{2c}{b+c+2a} = y_1 y_2$. Daraus: $y_1 = \frac{A}{2} + \sqrt{\frac{A^2}{4} - A}$

$y_2 = \frac{A}{2} - \sqrt{\frac{A^2}{4} - A}$. Das allgemeine Intergal ergibt sich nach 3/1) durch eine Quadratur. — Da $y_{1,2}$ Lösung sein soll, so folgt aus den beiden Gleichungen mit $B = \frac{A^2}{4} - A$; $\left(\frac{A}{2} \pm \sqrt{B}\right)' = a\left(\frac{A}{2} \pm \sqrt{B}\right)^2 + b\left(\frac{A}{2} \pm \sqrt{B}\right) + c$ zunächst $(\sqrt{B})' = aA\sqrt{B} + b\sqrt{B}$ oder $B' = 2aAB + 2bB$; ferner folgt $A' = 2a\left(\frac{A^2}{4} + B\right) + bA + 2c$.

(1): $\left(\frac{A}{2} - 1\right)A' - 2aA^2\left(\frac{A}{4} - 1\right) - 2bA\left(\frac{A}{4} - 1\right) = 0$ (2): $A' - 2aA \cdot \left(\frac{A}{2} - 1\right) - bA - 2c = 0$; wie man leicht verifiziert, sind (1) und (2) gleichwertig.

(2′) $aA + 2b + c = \frac{d}{dx}(\log A)$ ist also notwendig und hinreichend.

113) y_1 sei eine Partikularlösung. Ansatz für das allgemeine Integral: $y = y_1 + u$ ergibt $u' = (x+1)^2 x^{-3} u^3 + \left(\frac{3(x+1)^2}{x^3} y_1 - \frac{x+1}{x}\right) u^2 + u\left(\frac{3(x+1)^2}{x^3} y_1^2 - \frac{2(x+1)}{x} y_1 + \frac{x^2+3}{3x}\right)$. Das ist eine Bernoullische Gleichung für u, wenn der Koeffizient von u^2 verschwindet: $y_1 = \frac{x^2}{3(x+1)}$; damit y_1 Lösung ist, muß $f = y_1' - \frac{(x+1)^2}{x^3} y_1^3 + \frac{x+1}{x} y_1^2 - \frac{x^2+3}{3x} y_1 = -\frac{x(x^2(x+1)-9)}{27(x+1)^4}$ sein. Die Bernoullische Gleichung ergibt dann die Lösung $u = \frac{x}{\sqrt{c - 2\log x - 4x - x^2}}$. Das allgemeine Integral der urspr. Gl. ist dann also $y = \pm \frac{x}{\sqrt{c - 2\log x - 4x - x^2}} + \frac{x^2}{3(x+1)}$.

114) Sollen y_1 und y_1^{-1} Lösungen sein, so gilt $y_1' = y_1^2 \cdot a + y_1 Q + a - 2(e^x - e^{-x})^{-1}$; $Q = (e^x + e^{-x})\left[(e^x - e^{-x})^{-1} - a\right]$; $-y_1' = y_1^2(a - 2(e^x - e^{-x})^{-1}) + y_1 Q + a$; $2y_1' = (y_1^2 - 1)2(e^x - e^{-x})^{-1}$;

$\frac{y_1'}{y_1^2 - 1} = \frac{e^x}{e^{2x} - 1}$; also versuchen wir gleich $y_1 = e^x$ und sehen, daß es stimmt. Das allg. Integral ist

$$\frac{y - e^x}{y - e^{-x}} e^{-\int a(x)(e^x - e^{-x})\,dx} = c.$$

115) Setzt man $y = \frac{u'}{u}$, so wird $u''' = p(x)\,u$. Die Lösungen dieser linearen Diffgl. sind ganze Funktionen von x, wenn $p(x)$ ein Polynom ist. Im Endlichen sind dann nämlich gewiß keine Singularitäten. Der Punkt $x = \infty$ ist eine einfache wesentliche Singularität.

116) $y_1 = y_2 f(x)$; $y_1^{(i)} = \sum_{k=0}^{i} y_2^{(i-k)} \binom{i}{k} f^{(i)}(x)$, $(i = 1, 2)$

$L(y_1) - fL(y_2) = 2y_2' f' + y_2(f'' + pf') = 0$;

Setze $f'' : f' = \frac{d}{dx}(\log f') = \varphi$. Dann $2y_2' = -y_2(\varphi + p)$,

$4y_2'' = y_2[(\varphi + p)^2 - 2(\varphi' + p')]$;

$4y_2^{-1} L(y_2) = 0 = \varphi^2 - p^2 + 4q - 2(\varphi' + p')$.

1) $2p' + p^2 - 4q = 0$. 2) $2p' + p^2 + 4a^2 = 4q$.

3) $2p' + p^2 - 4a^2 = 4q$. 4) $2p' + p^2 + x^{-2} = 4q$.

117) $\frac{dy}{dx} = \frac{dy}{dt} \cdot \varphi'(x)$; $\frac{d^2 y}{dx^2} = \frac{d^2 y}{dt^2} \varphi'^2(x) + \frac{dy}{dt} \varphi''(x)$;

$$9(1 - x^2)\,\varphi'^2(x) \frac{d^2 y}{dt^2} + (9(1 - x^2)\,\varphi''(x) - 9x\varphi'(x)) \frac{dy}{dt} + y = 0.$$

Es muß $9(1 - x^2)\,\varphi'^2(x) = a$; $9(1 - x^2)\,\varphi'' - 9x\varphi'(x) = b$ sein. $18(1 - x^2)\,\varphi'\varphi'' - 18x\varphi'^2 = 0$; $(1 - x^2)\,\varphi'' - x\varphi' = 0$. Also muß $b = 0$ sein. Mit der zweiten Gleichung ist dann die erste von selbst erfüllt. $\varphi' = c_1 e^{\int \frac{x}{1-x^2}} = c_1(1 - x^2)^{-\frac{1}{2}}$; $\varphi = c_1 \int (1 - x^2)^{-\frac{1}{2}} dx + c_2$; $c_1 \neq 0$.

118) $x = \varphi(t)$ habe Umkehrfunktion $t = \psi(x)$. Dann ist: $y' = u'(t)\psi'(x)$, $y'' = u''\psi'^2 + u'\psi''$. Aus:

$$\frac{p_0}{p_2} \psi'^2 u'' + \left(\frac{p_0}{p_2} \psi'' + \frac{p_1}{p_2} \psi'\right) u' + u = 0 \text{ folgt: } \frac{p_0}{p_2} \psi'^2 = c_1,$$

$\frac{p_0}{p_2} \psi'' + \frac{p_1}{p_2} \psi' = c_2$, oder bei Elimination von ψ', ψ'':

$$\left\{\frac{1}{2} \frac{p_0^2}{p_2} \left(\frac{p_2}{p_0}\right)' + p_1\right\}^2 = C p_0 p_2.$$

119) Man setzt $u = yz$. Es ist: $u' = y'z + z'y$ (1) und unter Ausnutzung der beiden Diffgl.: $u'' = -(p+q)u + 2y'z'$. Ferner setzt man $2v = u'' + (p+q)u = 2y'z'$ und erhält: $v' = -pyz' - qzy'$ (2), $v'' - 2pqu + (p+q)v = -p'yz' - q'zy'$. Diese Beziehungen liefern drei lineare Gleichungen für yz' und zy'. Man rechnet diese beiden Unbekannten aus $u' = (1)$ und $v' = (2)$ aus und setzt in die letzte ein. Die gesuchte Diffgl. ist also: $Qu^{(4)} - Q'u''' + 2PQu'' + (3P'Q - 2PQ')u' + (P''Q - Q'P')u = 0$ mit: $P = p + q$, $Q = p - q$.

120) Ist $L(y) = p_0 y^{(n)} + p_1 y^{(n-1)} + \cdots + p_n y = 0$ mit $p_k(x) = a_{k,0} + a_{k,1}\,x$ und $\overline{L}(y) = \varphi_0 y^{(n)} + \varphi_1 y^{(n-1)} + \cdots + \varphi_n y = 0$, so gilt:

$$\varphi_k(x) = \sum_{\nu=k-1}^{k} (-)^{n-\nu} \binom{n-\nu}{k-\nu} p_\nu^{(k-\nu)}(x) =$$

$(-)^{n-k}\{(n-k+1)\,a_{k-1,1} + a_{k,0} + a_{k,1}x\} = c_{k,0} + c_{k,1}x$.

121) Aus $\varphi F = \frac{d}{dx}\Phi$ folgt $F = rH + K$. Unter F_i soll die Ableitung nach der i-ten Stelle verstanden sein. Es ist $\varphi H = \Phi_3$ $\varphi \cdot K = \Phi_1 + \Phi_2 \cdot p$. $\Phi^*(X, Y, P)$ ist definiert: $\Phi^* = \Phi(P, PX - Y, X)$. Die Behauptung sagt dann aus: $\varphi^* H^* = \Phi_1^* + \Phi_2^* \cdot P$, $\varphi^* K^* = \Phi_3^*$. Nun ist:

$$\Phi_3^* = \frac{\partial}{\partial P}\{\Phi(P, PX - Y, X)\} = \Phi_1(P, PX - Y, X) + \Phi_2 \cdot X =$$
$$= (\Phi_1(x, y, p) + \Phi_2(x, y, p)p)^* = (\varphi K)^*,$$

und entsprechend ergibt sich die erste Behauptung.

122) Man setzt $u = y_i y_k$ und bildet u''' (nach der Leibnizschen Formel), wobei man die höheren Ableitungen durch y und y' ersetzt. Dann ergibt sich unmittelbar: $u''' - 4pu' - 2p'u = 0$.

123) Man setze $\chi(x) = 2b\,\mathfrak{Cof}\,(2x) - a$. Aus der Identität:

$$\int_0^x (y_1'' y_2' - y_1' y_2'')dx = -(y_1' y_2 + y_1 y_2')\chi(x)$$

oder:

$$\frac{d}{dx}(y_1' y_2') = -\chi \frac{d}{dx}(y_1 y_2)$$

folgt nach partieller Integration zwischen 0 und x die Behauptung.

123a) $\frac{\partial \mu}{\partial x} = \frac{\partial}{\partial y}(\mu(a_0 + a_1 y + a_2 y^2))$; $-(g_0 + g_1 y + g_2 y^2)^{-2}$ $(g_0' + g_1' y + g_2' y^2) = (a_1 + 2a_2 y)(g_0 + g_1 y + g_2 y^2)^{-1} - (g_0 + g_1 y + g_2 y^2)^{-2}(g_1 + 2g_2 y)(a_0 + a_1 y + a_2 y^2)$; das muß gelten in x und y.

Also muß sein:

$$g_0' = a_0 g_1 - a_1 g_0,\ g_1' = 2(a_0 g_2 - a_2 g_0),\ g_2' = a_1 g_2 - a_2 g_1.$$

124) Im ersten Quadranten ist $(f(x, y+h) - f(x, y)) : h = 0$, wenn $P_1 = (x, y+h)$ $P_2 = (x, y)$ beide im oberen Oktanten liegen. Der Bruch ist gleich 1, wenn beide im unteren Oktanten liegen. Ist $y = x - \delta_1 (\delta_1 > 0)$; $y + h = x + \delta_2 (\delta_2 > 0)$ so ist $(x - y) : h = \delta_1 : (\delta_1 + \delta_2) < 1$. Also ist die Lipschitzbedingung erfüllt.

$$y_1 = \frac{2}{3} + \int_0^x f\left(t, \frac{2}{3}\right) dt = \frac{2}{3} + \frac{x^2}{2} \text{ für } x < \frac{2}{3};\ y_1 = \frac{2}{3} + \frac{2}{3} x$$

für $x > \frac{2}{3}$. $y_2 = \frac{2}{3} + \int_0^x f(t, y_1(t))\, dt = \frac{2}{3} + \int_0^x t\, dt = \frac{2}{3} + \frac{x^2}{2}$;

$y_3 = \frac{2}{3} + \frac{x^2}{2}$ usw. $y = \frac{2}{3} + \frac{x^2}{2}$.

125) $u_n = y_n - \varepsilon_n \vartheta_n$; $u_n = \int_0^x f(t, u_{n-1} + \varepsilon_{n-1} \vartheta_{n-1})\, dt$;

$v_n = u_n - u_{n-1}$. $M \cdot |x| = q < 1$: $|v_n| \leqq M \cdot |x| \, (|v_{n-1}|$ $+ |\varepsilon_{n-1} \vartheta_{n-1} - \varepsilon_{n-2} \vartheta_{n-2}|) \leqq q \cdot (|v_{n-1}| + |\omega_{n-1}|)$.

$|v_n| \leqq q^n |v_1| + (q\omega_{n-1} + q^2 \omega_{n-2} + \cdots + q^{n-1} \omega_1)$.

Da der zweite Summand rechts den n-ten Summanden der Reihe $(\Sigma q^\nu)(\Sigma \omega_\nu)$ darstellt, so ist $\Sigma |v_\nu|$ mit $\Sigma |\omega_\nu|$ konvergent. Aus $\omega_n = |(\varepsilon_n - \varepsilon_{n-1}) \vartheta_n + \varepsilon_{n-1} (\vartheta_n - \vartheta_{n-1})|$ folgt die Konvergenz von $\Sigma |\omega_\nu|$ aus der von $\Sigma \varepsilon_\nu$ und der Monotonie der ε_ν.

126) $y_0 = 1$; $y_1 = 1 + \int_0^x 1 dt = 1 + x$; $y_2 = 1 + \int_0^x (1 + t)\, dt$ $= 1 + \frac{x}{1!} + \frac{x^2}{2!}$. Es sei $y_{n-1} = 1 + \frac{x}{1!} \cdots + \frac{x^{n-1}}{(n-1)!}$;

dann ist $y_n = 1 + \int_0^x \left(1 + \frac{t}{1!} \cdots + \frac{t^{n-1}}{(n-1)!}\right) dt = 1 + \frac{x}{1!} \cdots + \frac{x^n}{n!}$;

$$\lim_{n=\infty} y_n = \sum_0^\infty \frac{x^n}{n!} = e^x.$$

127) $f(x, y_1) - f(x, y) = \dfrac{4x^3 y_1 (x^4 + 4y^2) - 4x^3 y (x^4 + 4y_1^2)}{(x^4 + 4y^2)(x^4 + 4y_1^2)}$

$$= \frac{4x^7(y_1 - y) + 16x^3 y y_1(y - y_1)}{(x^4 + 4y^2)(x^4 + 4y_1^2)} ; \frac{f(x, y_1) - f(x, y)}{y_1 - y}$$

$$= \frac{4x^3(x^4 - 4yy_1)}{(x^4 + 4y^2)(x^4 + 4y_1^2)}.$$

Man sieht, daß dieser Bruch die Größenordnung x^{-1} haben wird, wenn y und y_1 die Ordnung x^2 haben. Setzen wir $y = ax^2$; $y_1 = bx^2$, so wird der Wert des Bruches $\frac{4(1 - ab)}{x(1 + 4a^2)(1 + 4b^2)}$, bleibt also für $ab \neq 1$ nicht beschränkt in der Nähe des Nullpunktes. In der Tat sind $(x^4 + c^2) - (c - 2y)^2 = 0$ Lösungen durch den Nullpunkt.

128) Da $\frac{d}{dx}(K_1 u' v) = v \frac{d}{dx}(K_1 u') + K_1 u' v' = G_1 uv + K_1 u' v'$;

$$\frac{d}{dx}(K_2 uv') = G_2 uv + K_2 u' v'$$

ist, so folgt aus

$$\frac{d}{dx}\left[\frac{u}{v}(K_1 u' v - K_2 uv')\right] = \frac{u}{v}\frac{d}{dx}(K_1 u' v - K_2 uv') + (K_1 u' v - K_2 uv')\frac{d}{dx}\left(\frac{u}{v}\right)$$

sofort

$$\frac{d}{dx}\left[\qquad\right] = (G_1 - G_2) u^2 + (K_1 - K_2) u'^2 + K_2\left(u' - v'\frac{u}{v}\right)^2$$

(Picone.).

129) Man integriert die voranstehende Gleichung zwischen den beiden aufeinanderfolgenden Nullstellen x_1, x_2. Da links Null steht, so ergibt sich nur dann kein Widerspruch aus $v \neq 0$, wenn rechts sich nichts positives ergibt. Dazu ist nötig, daß in jedem Punkte des Intervalls (x_1, x_2) a) $G_1 = G_2$ b) $K_1 = K_2$ oder $u' = 0$ gilt. Wäre in einem Teilintervall $u' = 0$, also $u =$ konst., so folgt, daß dort $G_1 \equiv 0$, also auch $G_2 \equiv 0$ ist. Sonst blieben nur $G_1 \equiv G_2$, $K_1 \equiv K_2$, wofür ja der Satz inhaltslos ist. — — Die linke Seite der Piconeschen Identität ergibt beim Integrieren auch dann Null, wenn v in x_1 oder x_2 verschwindet, weil $\frac{u}{v}$ dann dort gegen $\frac{u'}{v'}$ konvergiert ($v' \neq 0$, da sonst $v \equiv 0$). Also wird v im Innern von (x_1, x_2) Null.

130) Es braucht nur bewiesen zu werden, daß zwischen a und der ersten Nullstelle x_1 von u im Innern von (a, b) eine Nullstelle v liegt. Das weitere folgt aus Aufg. 129. Ist $u(a) = \alpha_1 = 0$, so folgt aus Aufg. 129 die Behauptung. Sei also $\alpha_1 \neq 0$ und $v \neq 0$ in (a, x_1). Integration der Piconeschen Formel zwischen a und x_1 ergibt rechts etwas positives, links die Größe

$$-u^2(a)\left(\frac{K_1(a)\,\alpha_1'}{\alpha_1} - K_2(a)\,\frac{\alpha_2'}{\alpha_2}\right),$$

die Null oder negativ ist.

131) Die letzte der Nullstellen von u und v vor c muß nach 130) eine Nullstelle von u sein: x_i. Integration der Picone-Formel zwischen x_i und c ergibt Behauptung. Ist gar keine Nullstelle da, so tritt a an die Stelle von x_i.

132) Das allgem. Integral von $L(y) = 0$ lautet $y = \int\limits_0^x\int\limits_0^u \frac{c_1 + c_2 t}{K(t)}\,dt\,du + c_3 + c_4 x$. Wir suchen zwei Integrale y_1, y_2, so daß y_1 die Randbed. in 0, y_2 die Randbed. in 1 erfüllt. Außerdem soll für $x = \xi$ $y_1 = y_2$, $y_1' = y_2'$, $y_1'' = y_2''$, dagegen $y_2''' - y_1''' = -1$ sein. Dann sind für jedes y die vier Größen $c_1, \ldots, c_4$ bestimmt und es ist $G(x, \xi) = y_1$ für $0 \leqq x \leqq \xi$, $G = y_2$ für $\xi \leqq x \leqq 1$. Resultat:

$$G(x, \xi) = -\frac{1}{4}\int\limits_0^1 \frac{|x - t|\,|\xi - t|}{K(t)}\,dt + \frac{\gamma}{4(\alpha\gamma - \beta^2)}\,\varphi(\xi)\,\varphi(x)$$

$$+ \frac{\alpha}{4(\alpha\gamma - \beta^2)}\,\psi(\xi)\,\psi(x) - \frac{\beta}{4(\alpha\gamma - \beta^2)}\,[\psi(\xi)\,\varphi(x) + \varphi(\xi)\,\psi(x)],$$

wobei $\varphi(x) = \int\limits_0^1 |x - t|\,\frac{dt}{K(t)}$, $\psi(x) = \int\limits_0^1 |x - t|\,\frac{t\,dt}{K(t)}$,

$$\alpha = \int\limits_0^1 \frac{dt}{K(t)}, \quad \beta = \int\limits_0^1 \frac{t\,dt}{K}, \quad \gamma = \int\limits_0^1 \frac{t^2\,dt}{K}.$$

Kapitel III. Aufgaben zu den partiellen Differentialgleichungen.

Zur Theorie der partiellen Differentialgleichungen wird auf das Göschen-Bändchen Nr. 1003 (2. oder 3. Aufl.) verwiesen.

I. Pfaffsche Gleichungen.

1) $(2yx - yz)dx + (2yz - xy)dz - (x^2 - xz + z^2)\, dy = 0.$
2) $(y + z)\, dx + (z + x)\, dy + (x + y)\, dz = 0.$
3) $2x^3\, dx + z\, dy + (y + 2z)\, dz = 0.$
4) $2xz^3\, dy + z^3\, y dx - 3z^2 xy\, (1 + z^3)\, dz = 0.$
5) $dx + dy + (2z^2 + 2zx + 2zy + 1)\, dz = 0.$
6) $(2xz^2 + x^2 + yz)\, dx - z(z^2 + x)\, dy + (z^2 y - 2zx^2 - xy)\, dz = 0.$
7) $(z + \sin y)\, z \sin y \cos x\, dx + (z + \sin x)\, z \sin x \cos y\, dy + (\sin x + \sin y) \sin x \sin y\, dz = 0.$
8) Q so zu wählen, daß $\left(\frac{y}{x} + \frac{z}{y}\right) dx + Q\, dy + \frac{x}{y}\, dz$ ein totales Differential ist.

II. Allgemeine partielle Differentialgleichungen erster Ordnung mit zwei unabhängigen Variablen.

9) $f \equiv 4pq - 1 = 0.$
10) $2z - px + qy + q^2 = 0.$
11) $pq = z^2$; Anf.-Kurve: $x = 1, z = \frac{1}{y}.$
12) $f \equiv p^2 + q^2 - 2px - 2qy + 1 = 0.$
13) $p^2 + q^2 = x + y.$
14) $p^2 - q^2 = 2z$; Anf.-Kurve: $x = 0,\ z = (1 + y)^2.$
15) $pq = p + q.$
16) $pxy + 2pq + qy - yz = 0$ Anf.-Kurve: $x = 0, z = e^{2y}.$

Bei den angegebenen Lösungen ist immer zu beachten, daß es ∞^ω vollständige Integrale einer Diffgl. gibt. (Je ∞^2 nichtsinguläre Lösungen bilden immer ein vollständiges Integral.)

Ein von dem hier angegebenen wesentlich verschiedenes vollständiges Integral kann genau so richtig sein.

III. Integrable Gleichungen in n Veränderlichen.

17) $p_1^2 + p_2 p_3 + 2x_4 p_4(p_2 + p_3) = 0.$

18) $(x_1 + x_2)(p_1 + p_2)^2 - x_3 p_3 p_4 = 0.$

19) $(z + p_2)^2 = p_1^2 + p_2^2 + p_3^2.$

20) $f \equiv (x_2 p_1 + x_1 p_2) x_3 + p_3(p_1 - p_2)[p_4^2 + (p_5 + x_4)\cdot(p_5 + x_6) p_6] - k = 0.$

IV. Systeme von partiellen Differentialgleichungen.

21) $X_1 \equiv p_1 x_3 p_3 - x_4 p_4 x_5 p_5 = 0; \; X_2 \equiv 2p_1 - p_2 = 0.$

22) Auf systematischem Wege ist das allgemeine Integral zu finden:

$$X_1 \equiv x_4 p_1 + x_3 p_2 - x_2 p_3 - x_1 p_4 = 0,$$
$$X_2 \equiv x_3 p_1 + x_4 p_2 - x_1 p_3 - x_2 p_4 = 0.$$

23) $X_1 \equiv p_1^2 + p_3^2 + x_2 + 2x_1^3 + 3x_3^3; \; X_2 \equiv p_2 + 2p_4 x_4^2 - p_4^2.$

24) $X_1 \equiv p_1 x_1 + p_2 x_2 - p_3 x_3 - p_4 x_4 + p_5 x_5 = 0;$

$$X_2 \equiv p_2^4 x_3^3 x_5^2 - p_1 x_4^4 (p_1 x_1 - p_3 x_3)^2 = 0,$$
$$X_3 \equiv (p_4 x_4 - p_2 x_2)(p_1 x_1 - p_3 x_3 + x_3 x_5^2 p_2) - x_5^2 x_3 p_2 = 0.$$

Man prüfe Unabhängigkeit und Vollständigkeit des Systems.

V. Mongesche Gleichungen.

25) Bei einer Berührungstransformation geht eine Mongesche Gleichung wieder in eine solche über.

26) Ist u eine Lösung von P. D. (4, 15), v eine solche von (4, 16), so gilt (x, y, z, p, q statt x_1, x_2, x_3, x_4, x_5 geschrieben) immer $[u, v] = 0$.

Im Falle einer Doppelwurzel gilt also für irgend zwei Lösungen u, v von (4, 15): $[u, v] = 0$.

Daraus kann man nun sofort aus der Existenz zweier verschiedener Lösungen u, v auf die Existenz einer dritten schließen, womit die Unmöglichkeit eines P. D. 98 erwähnten Falles erwiesen ist. In der Tat: Zu u, v lassen sich drei weitere Funktionen $w, \pi, \varkappa$ finden, so daß $X = u$, $Y = v$, $Z = w$, $P = \pi$, $Q = \varkappa$ eine B. Tr. ist. Dann ist auch $\pi, \varkappa$, $w - \pi u - \varkappa v$, u, v eine B. Tr. Diese führt die Mongesche Gleichung in eine ebensolche über. Das zu dieser neuen Gleichung gehörende System (4, 15) hat die Lösungen u, v, d. h. X_4, X_5; daraus folgt für die Transformierte $\alpha = \beta = \gamma = 0$. (Wegen $\sigma = 0$ folgt $\lambda\mu = 0$ d. h. $\mu = 0$. $rt - s^2 = 0$ ist also die Transformierte.).

Dann ist aber das transformierte System in Involution und hat daher drei verschiedene Lösungen. Also hat auch das ursprüngliche System drei Lösungen.

27) Es sei $\sigma = 0$ und das System (4, 15) lasse nur eine Lösung u zu. Dann läßt sich die Gleichung (4, 12) durch eine Ber. Tr. in die Gestalt setzen $r + \mu(x, y, z, p, q) = 0$.

28) Es sei $\sigma \neq 0$. Läßt jedes der Systeme (4, 15), (4, 16) wenigstens eine Lösung zu, so ist die Gleichung (4, 12) durch eine Ber. Tr. in die Gestalt $s + \mu(x, y, z, p, q) = 0$ zu bringen.

29) $(q + 1)s - (p + 1)t = 0$.

30) $xqr + pyt + xy(rt - s^2) + pq = 0$.

Lösungen.

1) $$dx + \frac{2uv - u}{2u - uv}\, d(xv) - \frac{1 - v + v^2}{2u - uv}\, d(xu) = 0\,,$$

$$\frac{dx}{x} + \frac{\frac{2v-1}{2-v}\, dv - \frac{1 - v + v^2}{2 - v}\frac{du}{u}}{1 + v\frac{2v - 1}{2 - v} - \frac{1 - v + v^2}{2 - v}} = 0\,,$$

$$\frac{dx}{x} + \frac{u(2v - 1)\, dv - (1 - v + v^2)\, du}{u(1 - v + v^2)} =$$

$$d \log x + d \log \{u(1 - v + v^2)\} = 0\,.$$

$$y(x^2 - xz + z^2) - cx^2 = 0\,.$$

2) Homog. Gl.: $(u+v)\,dx+(v+1)\,d(ux)+(1+u)\,d(vx)=0$,

$$x^{-1}dx+\frac{1}{2}\,\frac{(v+1)\,du+(u+1)\,dv}{u+v+uv}=0,$$

$$x^2(u+v+uv)=c;\quad xy+xz+yz=c.$$

3) (erste Methode) $z\,dy+(y+2z)\,dz=0$; $F=yz+z^2=C(x)$; $F_y=z$, also $\lambda=z^{-1}\cdot z=1$. $dF+(2x^3-0)\,dx=0$ $2F+x^4=c$. $x^4+2yz+2z^2=c$.

4) Man sieht sofort, daß Division mit xyz^3 die Variablen trennt. $2\frac{dy}{y}+\frac{dx}{x}-3\frac{1+z^3}{z}\,dz=0$; $\log(xy^2z^{-3})-z^3=\bar{c}$; $xy^2=cz^3e^{z^3}$.

5) $x+y=u$: $\frac{du}{dz}=2zu+2z^2+1=0$; $u=ce^{-z^2}-z$

$$(x+y+z)\,e^{z^2}=c.$$

6) (zweite Methode) $\frac{dx}{-4z^2}=\frac{dy}{-8xz-2y}=\frac{dz}{z+z}$

$2z\,dz+dx=0$; $u=z^2+x=c_1$; $z\,dy+y\,dz+4xz\,dz=0$; $d(yz)-(z^2-c_1)\,4z\,dz=0$; $yz-z^4+2c_1z^2=c_2$; $\bar{v}=yz+z^4+2xz^2=\bar{c}_2$; das ist noch zu kompliziert. Es gibt eine einfachere Integralfunktion. $\bar{v}=yz+c_1^2-x^2=\bar{c}_2$; $v=yz-x^2=c_2$: $u=x+z^2$; $v=yz-x^2$; $w=z$ ist die Transformation, die wir auf die Gleichung ausüben. $x=u-w^2$; $y=(v+(u-w^2)^2)\,w^{-1}$; $z=w$. $(2(u-w^2)\,u+v)\,(du-2w\,dw)-u\big(dv+2(u-w^2)\,(du-2w\,dw)\big)$ $+wuw^{-2}(v+(u-w^2)^2)\,dw+(2wv-uw^{-1}(v+(u-w^2)^2)\,dw$. Der Koeffizient von dw muß Null sein, gemäß der allgemeinen Theorie. Es bleibt $v\,du-u\,dv=0$; $u=cv$, $z^2+x-c(yz-x^2)=0$.

7) Es erscheint zweckmäßig, $\sin x=\xi$, $\sin y=\eta$ zu setzen $(z+\eta)\,z\eta\,d\xi+(z+\xi)\,z\xi\,d\eta+(\xi+\eta)\,\xi\eta\,dz=0$.

Das ist eine homogene Gleichung.

$$(v+u)\,uv\,d\xi+(v+1)\,v\,d(\xi u)+(1+u)\,u\,d(\xi v)=0,$$

$$2\frac{d\xi}{\xi}+\frac{v(v+1)\,du+u(u+1)\,dv}{uv(u+v+1)}=d\left\{\log\left(\xi^2\,\frac{uv}{u+v+1}\right)\right\}=0;$$

$\xi\eta z=c(\eta+\xi+z)$.

Das ist noch auf (x,y,z) umzuschreiben.

8) Es muß sein $\frac{\partial Q}{\partial x}=\frac{\partial}{\partial y}\left(\frac{y}{x}+\frac{z}{y}\right)$; $\frac{\partial Q}{\partial z}=\frac{\partial}{\partial y}\left(\frac{x}{y}\right)$; $\frac{\partial Q}{\partial x}=\frac{1}{x}-\frac{z}{y^2}$; $\frac{\partial Q}{\partial z}=-\frac{x}{y^2}$; $Q=\log x-\frac{zx}{y^2}+\omega'(y)$; ω' willkürlich. Der Differentialausdruck ist gleich $d\left(\log x+\frac{zx}{y}+\omega(y)\right)$.

9) $4p = q^{-1}$; Trennung der Variablen. $4p = a;\ q = \frac{1}{a}$

$$z = \frac{a}{4}x + \frac{1}{a}y + b$$

10) $$\frac{dx}{-x} = \frac{dy}{y+2q} = \frac{dz}{-px+qy+2q^2} = \frac{-dp}{-p+2p}$$
$$= \frac{-dq}{q+2q};\ \frac{dx}{x} = \frac{dp}{p};\ g \equiv xp^{-1} = a.\quad \frac{dy}{y+2q} + \frac{dq}{3q} = 0,$$
$$\frac{dy}{dq} + \frac{y}{3q} + \frac{2}{3} = 0;\ y = cq^{-\frac{1}{3}} - \frac{1}{2}q;\ h \equiv (2y+q)\,q^{+\frac{1}{3}} = b.$$
Da $[h, g] = 0$ ist, brauchen wir nur p, q, z aus den drei Gleichungen $f = 0$, $g = a, h = b$ auszurechnen. Da sich q nicht bequem ausrechnen läßt, verfahren wir lieber so:
$$p = \frac{x}{a};\ \alpha)\ y = \frac{1}{2}(bq^{-\frac{1}{3}} - q);\ \beta)\ 2z = \frac{x^2}{a} - \frac{1}{2}q\,(bq^{-\frac{1}{3}} - q) + q^2;$$
α), β) ergeben ein vollständiges Integral in Parameterdarstellung. (x, q sind die Parameter).

11) $\frac{p}{z} \cdot \frac{q}{z} = 1$ legt die Transformation $u = \log z$ nahe, wir setzen $u = \frac{1}{2}\log z$ und schreiben wieder p und q für u_x und u_y. Es ist $4pq = 1$. Das Resultat der ersten Aufgabe liefert $V = u - \frac{a}{4}x - \frac{1}{a}y - b = 0$; Auf Kurve: $x = 1,\ y = \tau,\ u = -\frac{1}{2}\log\tau$. Anf.-Streifen: $q = -\frac{1}{2\tau};\ p = -\frac{\tau}{2}$. $V^0 = -\frac{1}{2}\log\tau - \frac{a_0}{4} - \frac{\tau}{a_0} - b_0 = 0$; $V_y^0 + V_u^0 q^0 = -\frac{1}{a_0} - \frac{1}{2\tau} = 0$; $a_0 = -2\tau$; $b_0 = -\frac{1}{2}\log\tau + \frac{\tau}{2} + \frac{1}{2}$; $V_a^0 + V_b^0 c_0 = 0 : c_0 = \frac{1}{4}\tau^{-1} - \frac{1}{4}$. Charakteristiken: $V = u + \frac{\tau}{2}x + \frac{y}{2\tau} - b_0 = 0$; $V_a + V_b\ c_0 = -\frac{x}{4} + \frac{y}{a_0^2} + \frac{1}{4} - \frac{1}{4}\tau^{-1} = 0$, $y = x\tau^2 - \tau^2 + \tau$; $u = -\frac{\tau}{2}x - \frac{\tau x}{2} + \frac{\tau}{2} - \frac{1}{2} + b_0$.

Fläche: $x = t + 1,\ y = t\tau^2 + \tau;\ u = -t\tau - \frac{1}{2}\log\tau$.

12) $\frac{dx}{2p-2x} = \frac{dy}{2q-2y} = \frac{dz}{2(p^2+q^2)-2px-2qy} = \frac{-dp}{-2p}$ $= \frac{-dq}{-2q}$; $p = aq$; $\frac{dx}{p-x} = \frac{dp}{p}$; $\frac{dx}{dp} = -\frac{x}{p} + 1$; $x = b \cdot p^{-1} + \frac{p}{2}$ $\frac{dy}{q-y} = \frac{dq}{q}$; $y = cq^{-1} + \frac{q}{2}$; da uns nur die Integralcharakteristiken interessieren, können wir die Relation $f = 0$ in unserem System benützen. $\frac{dz}{p^2+q^2+f-1} = \frac{dq}{2q}$; $\frac{dz}{q^2(a^2+1)-1} = \frac{dq}{2q}$ $z = \frac{a^2+1}{4}q^2 - \frac{1}{2}\log q + e$.

Mit q als Veränderlicher können wir die Integralcharakteristiken aufschreiben;
$x = \frac{b}{a}q^{-1} + \frac{aq}{2}$; $y = cq^{-1} + \frac{q}{2}$; $z = \frac{a^2+1}{4}q^2 - \frac{1}{2}\log q + e$; $p = aq$. Damit das Integralcharakteristiken ($f = 0$!) sind, muß $b + c = \frac{1}{2}$ sein. $x = \frac{b}{a}q^{-1} + \frac{aq}{2}$; $y = -bq^{-1} + \frac{1}{2q} + \frac{q}{2}$; $z = \frac{a^2+1}{4}q^2$ $-\frac{1}{2}\log q + \epsilon$; $p = aq$ sind die ∞^3 Integralcharakteristiken.

13) $\frac{dx}{2p} = \frac{dy}{2q} = \frac{dz}{2(p^2+q^2)} = \frac{-dp}{-1} = \frac{-dq}{-1}$; $p - q = a$; $dx - 2p\,dp = 0$, $x - p^2 = b$; $y - q^2 = c$, $p = \sqrt{x-b}$; $y = q^2 + c$ $= (p-a)^2 + c = x - b - 2a\sqrt{x-b} + a^2 + c$, $q = \sqrt{x-b} - a$; es bleibt noch z als Funktion von x zu bestimmen; dann haben wir die Charakteristiken. $dz = 2(p^2+q^2)\,dp = 2(2p^2 - 2pa + a^2)\,dp$ $z = \frac{4}{3}(x-b)^{3/2} - 2ax + 2a^2\sqrt{x-b} + e$. Damit das Integralcharakteristiken sind, muß $b + c = 0$ sein.

14) $\frac{dx}{2p} = \frac{dy}{-2q} = \frac{dz}{2(p^2-q^2)} = \frac{-dp}{-2p} = \frac{-dq}{-2q}$; $p = aq$;
$x + p = b$, $y + q = c$; $\frac{dz}{2(p^2-q^2)} = \frac{dz}{4z} = \frac{dp}{2p}$; $p^2z^{-1} = e$;
$$y = \frac{x-b}{a} + c;\ z = \frac{1}{e}(x-b)^2;\ p = b - x;\ q = \frac{1}{a}(b-x).$$
Damit das Integralcharakteristiken sind, muß $\frac{2}{e} = 1 - \frac{1}{a^2}$ sein.

$$y = \frac{x-b}{a} + c;\quad z = \frac{a^2-1}{2a^2}(x-b)^2;\quad p = b-x;\quad q = \frac{1}{a}(b-x)$$

$x^0 = 0,\ y^0 = \tau,\ z^0 = (1+\tau)^2;\ q^0 = 2(1+\tau);\ p^0 = (1+\tau)\sqrt{6}.$
Wir haben diejenige Charakteristik zu finden, die für $x = 0$ in die Werte $x^0, \ldots, p^0$ übergeht. $-\frac{b}{a} + c = \tau;\ \frac{(-1+a^2)b^2}{2a^2} = (\tau+1)^2;$

$$b = (1+\tau)\sqrt{6};\ \frac{b}{a} = 2(1+\tau);\ \text{also } a = \frac{\sqrt{6}}{2} = \sqrt{\frac{3}{2}};\ c = 3\tau + 2.$$

Fläche: $y = \sqrt{\frac{2}{3}}(x - (\tau+1)\sqrt{6}) + 3\tau + 2;\ z = \frac{1}{6}(x - \sqrt{6}(\tau+1))^2;$

τ durch x und y ausgedrückt: $z = \left(-x\sqrt{\frac{3}{2}} + y + 1\right)^2.$

15) P. D. 36: $p = a, q = \frac{a}{a-1};$

$$V = z - ax - \frac{a}{a-1}y - b = 0.$$

Hieraus kann man die Integralcharakteristiken finden. Es lassen sich aber auch direkt die Charakteristiken finden

$$\frac{dx}{q-1} = \frac{dy}{p-1} = \frac{dz}{2pq-p-q} = \frac{dp}{0} = \frac{dq}{0};\ 1)\ p = a,\ 2)\ q = b;$$

$$dy = \frac{a-1}{b-1}dx,\ 3)\ y = \frac{a-1}{b-1}x + c;\ dz = \frac{(2ab-a-b)}{b-1}dx;$$

4) $z = \frac{2ab-a-b}{b-1}x + e.$ Integralcharakteristik für $b = \frac{a}{a-1}$,

$$y = (a-1)^2 x + c;\ z = a^2 x + e;\ p = a;\ q = \frac{a}{a-1}.$$

16) $\frac{dx}{xy+2q} = \frac{dy}{2p+y} = \frac{dz}{4pq+pxy+qy} = \frac{-dp}{py-yp}$
$= \frac{-dq}{px+q-yq-z};\ p = a;\ q = \frac{yz-axy}{2a+y}.$ Daraus läßt sich vollständiges Integral in der üblichen Weise finden:

$$u = ax + b;\ \frac{\partial z}{\partial y} = \frac{yz-axy}{2a+y};\ z = be^y(y+2a)^{-2a} + ax.$$

(Es ist $z_{y=0} = (2a)^{-2a}\cdot b + ax$, also nicht direkt gleich $b + ax$. Aber die Bezeichnung der Konstanten spielt ja nur eine untergeordnete Rolle.)

$V = z - ax - be^y(y + 2a)^{-2a} = 0;\ x^0 = 0;\ y^0 = \tau,\ z^0 = e^{2\tau};$

$$q^0 = 2e^{2\tau},\ p^0 = \frac{\tau e^{2\tau} - 2e^{2\tau}\tau}{4e^{2\tau}} = \frac{-\tau}{4}.$$

$V^0 = e^{2\tau} - b_0 e^{\tau}(\tau + 2a_0)^{-2a_0} = 0;\ V_x^0 + V_z^0 p^0 = -a_0 + p^0 = 0;$

$$a_0 = -\frac{\tau}{4}.\quad b_0 = e^{\tau}\left(\frac{\tau}{2}\right)^{-\frac{\tau}{2}}.$$

$V_a^0 + V_b^0 \cdot c_0 = 0;\ -b_0 e^{\tau}(\tau + 2a_0)^{-2a_0}\left(-2\log(\tau + 2a_0) - \frac{4a_0}{\tau + 2a_0}\right)$ $- e^{\tau}(\tau + 2a_0)^{-2a_0} c_0 = 0\quad c_0 = -b_0\left(-2\log\frac{\tau}{2} + 2\right);$ Charakteristiken: $z - a_0 x - b_0 e^y(y + 2a_0)^{-2a_0} = 0\quad V_a + V_b \cdot c_0 = -x$ $- b_0 e^y(y + 2a_0)^{-2a_0}\left(-2\log(y + 2a_0) - \frac{4a_0}{y + 2a_0}\right) - e^y(y + 2a_0)^{-2a_0}$ $\cdot c_0 = 0$. Gesuchte Integralfläche:

$$x = e^y\left(y - \frac{\tau}{2}\right)^{\frac{\tau}{2}} b_0\left[-2\log\frac{\tau}{2} + 2 + 2\log\left(y - \frac{\tau}{2}\right) - \frac{\tau}{y - \frac{\tau}{2}}\right];$$

$$y = y;\ z = -\frac{\tau x}{4} + b_0 e^y\left(y - \frac{\tau}{2}\right)^{\frac{\tau}{2}} \cdot \left(b_0 = e^{\tau}\left(\frac{\tau}{2}\right)^{-\frac{\tau}{2}}\right)$$

17) $X_1 \equiv p_1 = a_1;\ X_2 \equiv p_2 = a_2;\ X_3 \equiv p_3 = a_3;$ $2p_4 x_4 = -(a_1^2 + a_2 a_3)(a_2 + a_3)^{-1};\ z = a_1 x_1 + a_2 x_2 + a_3 x_3$ $- \frac{a_1^2 + a_2 a_3}{2(a_2 + a_3)} \log x_4 + a_4.$

18) x_4 kommt nicht vor; daher $X_1 \equiv p_4 = a_1;\ X_2 \equiv x_3 p_3 = a_2;$ $X_3 \equiv p_1 - p_2 = a_3;\ p_1 + p_2 = \sqrt{\frac{a_1 a_2}{x_1 + x_2}};\quad p_1 = \frac{1}{2}(a_3 + \sqrt{});$ $p_2 = -\frac{1}{2}(a_3 - \sqrt{})\quad z = \frac{1}{2} a_3 x_1 - \frac{1}{2} a_3 x_2$ $+ \sqrt{a_1 a_2 (x_1 + x_2)} + a_2 \log x_3 + a_1 x_4 + a_4.$

19) Die unbekannte Funktion zu entfernen, ist vielfach ratsam. $u(x_1, x_2, x_3, z) = 0$ sei eine Lösung. $z = x_4$. $u_{x_\nu} = \tilde{p}_\nu$. $f \equiv (\tilde{p}_4 x_4 - \tilde{p}_2)^2 - (\tilde{p}_1^2 + \tilde{p}_2^2 + \tilde{p}_3^2) = 0;\ X_1 \equiv \tilde{p}_1, X_2 \equiv \tilde{p}_2, X_3 \equiv \tilde{p}_3$ liegen offenbar mit f und untereinander in Involution. $\tilde{p}_1 = a_1$, $\tilde{p}_2 = a_2, \tilde{p}_3 = a_3, \tilde{p}_4 = x_4^{-1}(a_2 \pm \sqrt{a_1^2 + a_2^2 + a_3^2})$ ergibt $u = a_1 x_1$

$+ a_2 x_2 + a_3 x_3 + (a_2 \pm \sqrt{\quad}) \log x_4 + B$. $u = 0$ ist das vollständige Integral.

20) $f^* = f p_3^{-1} (p_1 - p_2)^{-1} = f_1 + f_2$, wobei f_1 nur die Variablengruppe 1, 2, 3, f_2 nur 4, 5, 6 enthält. Tr. d. Var. liefert sofort: $X_2 \equiv (p_1 - p_2)^{-1}(x_2 p_1 + x_1 p_2)$; $X_3 \equiv p_3^{-1} \cdot x_3$; $X_4 \equiv p_5$, $X_5 \equiv (p_5 + x_6) p_6$; $X_6 \equiv p_4^2 (x_4 + p_5)^{-1}$. Aus $f = 0$, $X_\nu = a_\nu$ ergibt sich $p_6 = a_5 (x_6 + a_4)^{-1}$; $p_5 = a_4$; $p_4 = \sqrt{a_6(a_4 + x_4)}$; $p_3 = x_3 a_3^{-1}$; für p_1 und p_2 folgt aus $x_2 p_1 + x_1 p_2 = a_2(p_1 - p_2)$ und $(p_1 - p_2) a_2 x_3 + x_3 a_3^{-1} \cdot (p_1 - p_2) [a_6(x_4 + a_4) + a_5(x_4 + a_4)] = k$, wenn $p_1 - p_2 = k x_3^{-1} (a_2 + a_3^{-1} (a_5 + a_6) (a_4 + x_4))^{-1} = g$ gesetzt wird, $p_1 = (x_1 + x_2)^{-1} \cdot (a_2 + x_1) g$; $p_2 = (x_1 + x_2)^{-1} (a_2 - x_2) g$.

21) $(X_1, X_2) = 0$. $X_3 \equiv p_1$; $X_4 \equiv x_3 p_3$; $X_5 \equiv x_4 p_4$;
$z = a_1 x_1 + 2a_1 x_2 + a_2 \log x_3 + a_3 \log x_4 + a_1 a_2 a_3^{-1} \log x_5 + B$.

22) $(X_1, X_2) = - x_4 p_3 + p_4 x_3 - x_3 p_4 + x_4 p_3 - x_2 p_1 + p_2 x_1 - x_1 p_2 + x_2 p_1 = 0$. Mayer-Transf. $x_1 = y_1$; $x_2 = y_1 y_2$.

$$Y_1 \equiv x_4\left(\tilde{p}_1 - \frac{\tilde{p}_2}{y_1} y_2\right) + x_3 \frac{\tilde{p}_2}{y_1} - y_1 y_2 p_3 - y_1 p_4 = 0;$$

$$Y_2 \equiv x_3\left(\tilde{p}_1 - \frac{\tilde{p}_2}{y_1} y_2\right) + x_4 \frac{\tilde{p}_2}{y_1} - y_1 p_3 - y_1 y_2 p_4 = 0; \ (x_4 - x_3 y_2) Y_1$$
$$- (x_3 - x_4 y_2) Y_2 = (x_4^2 - x_3^2) \tilde{p}_1 - y_1 p_3 (y_2 (x_4 - x_3 y_2)$$
$$- (x_3 - x_4 y_2)) - y_1 p_4 ((x_4 - x_3 y_2) - y_2(x_3 - y_2 x_4)) = 0.$$

$$\frac{dy_1}{x_4^2 - x_3^2} = \frac{- dx_3}{y_1(2y_2 x_4 - x_3(1 + y_2^2))} = \frac{- dx_4}{y_1(x_4(1 + y_2^2) - 2y_2 x_3)} (= dt)$$

$(x_3 dx_4 + x_4 dx_3) = - y_1 2y_2(x_4^2 - x_3^2) dt = - 2y_1 y_2 dy_1$;
$u_1 \equiv x_3 x_4 + y_2 y_1^2 (= a_1)$ $x_3 dx_3 + x_4 dx_4 = - y_1(x_4^2 - x_3^2)(1 + y_2^2) dt = - y_1(1 + y_2^2) dy_1$; $u_2 \equiv x_3^2 + x_4^2 + y_1^2 (1 + y_2^2) (= a_2)$.
$u = w(u_1, u_2)$ ist das allgemeine Integral. In den x geschrieben:
$u = w(x_1 x_2 + x_3 x_4, x_1^2 + x_2^2 + x_3^2 + x_4^2)$.

23) $(X_1, X_2) = -1$. Das System kann also keine Lösung haben.

24) X_1, X_2, X_3 sind unabhängig, wie man an dem Nichtauftreten von p_4 bzw. p_5 in X_2 bzw. X_3 erkennt. Zur Berechnung der Klammergrößen machen wir von der Identität $(f(u), v) = f'(u)(u, v)$ öfters Gebrauch. Die Abhängigkeit zu zeigen, begnügen wir uns (der Kürze halber), alle Vielfachen von X_ν einfach wegzulassen, also in Kongruenzen mod X_ν zu rechnen.
$(X_1, X_3) = - x_3(p_4 x_4 - p_2 x_2) x_5^2 p_2 + x_3 x_5^2 p_2 + (p_4 x_4 - p_2 x_2)$
$(p_2 x_2 - p_4 x_4, x_5^2 x_3 p_2) - (p_2 x_2 - p_4 x_4, x_5^2 x_3 p_2) + x_5(2x_5 x_3 p_2 (p_4 x_4 - p_2 x_2) - 2x_5 x_3 p_2) = 0$
$(X_1, X_2) = (X_1, p_2^4 x_3^3 x_5^2) - (p_1 x_1 - p_3 x_3)^2 (X_1, p_1 x_4^4) = x_3^3 x_5^2 4p_2^3 \cdot$
$(p_2 x_2, p_2) - p_2^4 x_5^2 3x_3^2 (p_3 x_3, x_3) + p_2^4 x_3^3 2x_5 (p_5 x_5, x_5)$

$+ (p_1 x_1 - p_3 x_3)^2 x_4^4 p_1 + (p_1 x_1 - p_3 x_3)^2 p_1 4x_4^3 x_4 = -5p_2^4 x_3^3 x_5^2 + 5p_1 x_4^4 (p_1 x_1 - p_3 x_3)^2 = -5X_2$.
$(X_2, X_3) = (p_2^4 x_3^3 x_5^2, X_3) - (p_1 x_1 - p_3 x_3)^2 (p_1 x_4^4, X_3) - p_1 x_4^4 ((p_1 x_1 - p_3 x_3)^2, x_3) x_5^2 p_2 (p_4 x_4 - p_2 x_2 - 1) = 4p_2^3 x_3^3 x_5^2 (p_2, X_3) + 3x_3^2 p_2^4 x_5^2 (x_3, X_3) - (p_1 x_1 - p_3 x_3)^2 x_4^4 (p_1, X_3) - 4(p_1 x_1 - p_3 x_3)^2 x_4^3 p_1 (x_4, X_3) + 2p_1 x_4^4 (p_1 x_1 - p_3 x_3) x_3 x_5^2 p_2 (p_4 x_4 - p_2 x_2 - 1) = -4p_2^4 x_3^3 x_5^2 (p_1 x_1 - p_3 x_3 + x_3 x_5^2 p_2) + 4(p_1 x_1 - p_3 x_3)^2 x_4^4 p_1 (p_1 x_1 - p_3 x_3 + x_3 x_5^2 p_2) + 3x_3^3 p_2^4 x_5^2 (p_4 x_4 - p_2 x_2) - (p_1 x_1 - p_3 x_3)^2 p_1 x_4^4 (p_4 x_4 - p_2 x_2) + 2p_1 x_4^4 (p_1 x_1 - p_3 x_3)(X_3 - (p_1 x_1 - p_3 x_3)(p_4 x_4 - p_2 x_2)) \equiv (p_4 x_4 - p_2 x_2)[3x_3^3 p_2^4 x_5^2 - p_1 x_4^4 (p_1 x_1 - p_3 x_3)^2 - 2p_1 x_4^4 (p_1 x_1 - p_3 x_3)^2] \bmod X_\nu \equiv 0 \bmod X_\nu$. — Das System ist also vollständig. Die Integration wird auf dem systematischen Wege zu langwierig, um hier ausgeführt zu werden. Als vollständiges Integral ergibt sich

$$z = a_1^2 x_1 x_3 + a_1 a_2 x_2 x_4 - a_1 a_2^2 x_3 x_5 + \log (a_2 + x_4 x_5) + B.$$

Eher kommt man zu diesem Resultat, wenn man sieht, daß $X_4 \equiv p_1 x_3^{-1}$ zu $p_1 x_1 - p_3 x_3$ d. h. zu X_1 und X_3, aber auch zu X_2 in Involution liegt. Entsprechend sieht man, daß $p_5 x_4^{-1} \equiv X_5$ in Involution liegt zu X_1, X_2, X_3. Aus $X_1, X_2, X_3 = 0$, $X_4 = a_1$, $X_5 = a_2$ lassen sich $p_1, \ldots, p_5$ berechnen. Man erhält dann (mit anderen Konstanten) das obige Resultat.

25) Die Transf. führt sich rechnerisch am bequemsten durch auf dem Weg über das Charakteristikensystem (P. D. 96 f. f) $\{dz - p dx - q dy = 0;\ 2\gamma\, dx + (-\beta + \sigma)\, dy + 2\lambda\, dp = 0;\ 2\alpha\, dy - (\beta + \sigma)\, dx + 2\lambda\, dq = 0\}$.

Die Transformierte hiervon hat eine ähnliche Gestalt: $\{dZ - P dX - Q dY = 0;\ A_1 dX + A_2 dY + A_3 dP + A_4 dQ = 0;\ B_1 dX + \cdots + B_4 dQ = \sigma;\ A(X, \ldots, Q), B(X, \ldots, Q).\}$. Denn die dx, dy, dp, dq lassen sich homogen linear durch die dX, dY, dP, dQ ausdrücken. Dieses neue System kann man dann auch durch geeignete lineare Verbindung so schreiben, daß $A_4 = 0$; $B_3 = 0$ ist. Dann läßt sich unmittelbar die entsprechende Mongesche Gleichung angeben, die ein solches Charakteristikensystem hat. Sonderfälle (lin. Gl. etc.) sind hierbei noch nicht berücksichtigt, machen aber keine Schwierigkeiten.

26) $[u, v] = u_p \dfrac{dv}{dx} - v_p \dfrac{du}{dx} + u_q \dfrac{dv}{dy} - v_q \dfrac{du}{dy}$; $2\lambda [u, v] = u_p (2\gamma v_p - (\beta + \sigma) v_q) - v_p (2\gamma u_p + (-\beta + \sigma) u_q) + u_q (2\alpha v_q + (-\beta + \sigma) v_p) - v_q (2\alpha u_q - (\beta + \sigma) u_p) = 0$. Daraus für $\lambda \neq 0$: $[u, v] = 0$. — Entsprechendes ergibt sich für $\lambda = 0$.

27) Zu u läßt sich ein v und ein w finden, so daß $[u, v] = [u, w] = 0$ ist. Zu u, v, w lassen sich $\pi, \varkappa$ eindeutig bestimmen, so daß $v, u, w, \pi, \varkappa$ eine Ber. Tr. definieren. Die transformierte Gleichung (4, 12) hat ein System, das als Lösung x_2 zuläßt.

Daher ist $\lambda = 0$, die Gleichung also linear. Damit die Systeme zusammenfallen und außerdem x_2 Lösung ist, muß offenbar $\beta^2 = 4\alpha\gamma$ und $\gamma = 0$ sein. Also $\gamma = \beta = 0$.

28) u, v seien die Lösungen der zwei Systeme. Es ist $[u, v] = 0$. Es gibt eine Ber. Tr. $u, v, \omega, \pi, \varkappa$. Zur Transformierten von (4, 12) gehören Systeme (15) (16) mit den Lösungen x_1, x_2; daraus folgt $\lambda = 0$ und ferner $\alpha = \gamma = 0$.

29) $\alpha = 0$; $\beta = q + 1$; $\gamma = -(p + 1)$; $\lambda = \mu = 0$; I''): $(p + 1)\,dx + (q + 1)dy = 0$; $-(p + 1)\,dq = 0$. II''): $dx = 0$; $-(p + 1)\,dq + (q + 1)\,dp = 0$. I''): $(x_4 + 1)\,p_4 + (x_5 + 1)\,p_5 = 0$; $(x_4 + 1)(p_2 + p_3 x_5) = 0$. II''): $p_4 = 0$; $(x_4 + 1)(p_2 + p_3 x_5)(x_5 + 1)(p_1 + p_3 x_5) = 0$. I'') $X_1 \equiv (x_4 + 1)\,p_4 + (x_5 + 1)\,p_5 = 0$; $X_2 \equiv p_2 + p_3 x_5 = 0$. $(X_1, X_2) = (x_5 + 1)\,p_3 = 0$; $X_3 \equiv p_3 = 0$ $(X_1, X_3) = (X_2, X_3) = 0$. $\overline{X}_1 = X_2 - x_5 X_3 \equiv p_2 = 0$; $\overline{X}_2 \equiv p_3 = 0$; $\overline{X}_3 \equiv (x_4 + 1)\,p_4 + (x_5 + 1)\,p_5 = 0$. Offenbar liegen $X_4 \equiv p_1$ und $X_5 \equiv p_4(x_4 + 1)$ (Trennung d. Var.) in Involution zu allen anderen X. Also ergibt $p_1 = a_1$; $p_2 = 0$; $p_3 = 0$; $p_4 = \frac{a_2}{x_4 + 1}$; $p_5 = -\frac{a_2}{x_5 + 1}$ als vollständiges Integral des Systems $u = a_1 x_1 + a_2 \log\frac{x_4 + 1}{x_5 + 1} + B$. Da es sich um ein lineares System handelt, so ist $u = \omega\left(x_1, \frac{x_4 + 1}{x_5 + 1}\right)$ das allgemeine Integral. Als Zwischenintegral ergibt sich $p + 1 = (q + 1)\,\omega(x)$.

Die Integration dieser ∞^ω Gleichungen muß das allgemeine Integral der urspr. Gl. liefern. $p - \omega(x)\,q + 1 - \omega(x) = 0$; $\frac{dx}{1} = \frac{-dy}{\omega(x)} = \frac{dz}{\omega - 1}$; $y + \int \omega(x)\,dx = c_1$; $y + \omega_1(x) = c_1$; $dz = (\omega(x) - 1)\,dx$; $z - \omega_1(x) + x = c_2$. Also allgem. Integral: $z - \omega_1(x) + x = \omega_2(y + \omega_1(x))$; $z = \omega_1(x) - x + \omega_2(y + \omega_1(x)) = \overline{\omega}_1(x) + \omega_2(x + y + \overline{\omega}_1(x))$.

30) $\sigma = \sqrt{-4pq\,xy + 4pq\,xy} = 0$. — $X_1 \equiv 2x_4 x_2 p_4 - 2x_1 x_2(p_1 + p_3 x_4) = 0$; $X_2 \equiv 2x_1 x_5 p_5 - 2x_1 x_2(p_2 + p_3 x_5) = 0$; $\overline{X}_1 = x_4 p_4 - x_1 p_1 - x_1 x_4 p_3 = 0$; $\overline{X}_2 = x_5 p_5 - x_2 p_2 - x_2 x_5 p_3 = 0$; $(\overline{X}_1, \overline{X}_2) = 0$; $x_1 p_1 = -x_1 x_4 p_3 + x_4 p_4$; $x_2 p_2 = -x_2 x_5 p_3 + x_5 p_5$.

Mayersche Transf.: $x_1 = 1 + y_1$; $x_2 = 1 + y_1 y_2$; $(1 + y_1)\left(\tilde{p}_1 - \frac{y_2}{y_1}\tilde{p}_2\right) = -(1 + y_1)x_4 p_3 + x_4 p_4$; $(1 + y_1 y_2)\frac{\tilde{p}_2}{y_1} = -(1 + y_1 y_2)x_5 p_3 + x_5 p_5$; $(1 + y_1 y_2)(1 + y_1)\tilde{p}_1 = -(1 + y_1)(1 + y_1 y_2)x_4 p_3 + (1 + y_1 y_2)x_4 p_4 - y_2(1 + y_1)(1 + y_1 y_2)x_5 p_3 + y_2(1 + y_1)x_5 p_5$. Diese Diffgl. in y_1, x_3, x_4, x_5 ist zu integrieren; $\frac{dy_1}{(1 + y_1)(1 + y_1 y_2)} = \frac{dx_3}{(1 + y_1)(1 + y_1 y_2)(x_4 + y_2 x_5)} = \frac{dx_4}{-(1 + y_1 y_2)x_4} = \frac{-dx_5}{y_2(1 + y_2)x_5}$ $(= dt)$; $\frac{dy_1}{1 + y_1} + \frac{dx_4}{x_4} = 0$; $(1 + y_1)x_4 \equiv u_1$; $y_2 \cdot \frac{dy_1}{1 + y_1 y_2} + \frac{dx_5}{x_5} = 0$; $(1 + y_1 y_2)x_5 \equiv u_2$; $dy_1(x_4 + y_2 x_5) - dx_3 = 0$; $dy_1\left(\frac{a_1}{1 + y_1} + \frac{y_2 a_2}{1 + y_1 y_2}\right) - dx_3 = 0$; $a_1 \log(1 + y_1) + a_2 \log(1 + y_1 y_2) - x_3 = \log a_3$; $(1 + y_1)x_4 \log(1 + y_1) + (1 + y_1 y_2)\log(1 + y_1 y_2) \cdot x_5 - x_3 \equiv u_3$ $u_1 \equiv x_1 x_4$; $u_2 \equiv x_2 x_5$; $u_3 \equiv x_1 \log x_1 \cdot x_4 + x_2 \log x_2 \cdot x_5 - x_3$. Elimination von x_4, x_5 aus $u_i = a_i$ ergibt $a_1 \log x_1 + a_2 \log x_2 - x_3 = a_3$; $z = a_1 \log x + a_2 \log y - a_3$. Das allgemeine Integral ergibt sich bei Elimination von a_1 aus

$$\left\{\begin{array}{l} z = a_1 \log x + \omega(a_1)\log y - \omega_1(a_1); \\ \log x + \log y\,\omega'(a_1) - \omega_1'(a_1) = 0. \end{array}\right\}.$$

SAMMLUNG GÖSCHEN

Jeder Band DM 2,40

Naturwissenschaften und Technik

Mathematik

Geschichte der Mathematik. Von J. E. Hofman. I.: Von den Anfängen bis zum Auftreten von Fermat und Descartes. 199 S. 1952 . . . . Bd. 226
Mathematische Formelsammlung. Von F. Ringleb. 5., verbesserte Aufl. Mit 57 Fig. 274 S. 1949 . . . . Bd. 51
Formelsammlung zur praktischen Mathematik. Von G. Schulz. Durchgesehener Neudruck. Mit 10 Abb. 147 S. 1945 . . . . Bd. 1110
Vierstellige Tafeln und Gegentafeln. Für logarithmisches und trigonometrisches Rechnen. In zwei Farben. Zusammengestellt von H. Schubert und R. Haussner. Neudruck. 181 S. 1952. In Vorbereitung . . . . Bd. 81
Fünfstellige Logarithmen. Mit mehreren graphischen Rechentafeln und häufig vorkommenden Zahlwerten. Von A. Adler. 2. Aufl. Neudruck. Mit 1 Tafel. 127 S. 1949 Bd. 423
Einführung in die Zahlentheorie. Von A. Scholz. 2. Aufl. 136 S. In Vorbereitung . . . . Bd. 1131
Arithmetik. Von P. B. Fischer. 2. Aufl. Neudruck. Mit 19 Abb. 152 S. 1951. In Vorbereitung . . . . Bd. 47
Elementare und klassische Algebra vom modernen Standpunkt. Von W. Krull. 2., erweiterte Aufl. I.: 136 S. 1952 Bd. 930
Höhere Algebra. Von H. Hasse. I.: Lineare Gleichungen. 3., verbess. Aufl. 152 S. 1951 . . . . Bd. 931
II.: Gleichungen höheren Grades. 3., verbess. Aufl. 5 Fig. 158 S. 1951 . . . . Bd. 932
Aufgabensammlung zur höheren Algebra. Von H. Hasse und W. Klobe. 2., vermehrte u. verbesserte Aufl. 1952 . Bd. 1082
Determinanten. Von P. B. Fischer. 4., umgearb. Aufl. Neudruck. 116 S. 1952. In Vorbereitung . . . . Bd. 402
Gruppentheorie. Von L. Baumgartner. 2. Aufl. Mit 6 Fig. 115 S. 1949 . . . . Bd. 837
Mengenlehre. Von E. Kamke. 3. Aufl. Mit 6 Fig. 160 S. 1952 . . . . Bd. 999
Elemente der Funktionentheorie. Von K. Knopp. 3. Aufl. Mit 23 Fig. 144 S. 1949 . . . . Bd. 1109
Funktionentheorie. Von K. Knopp. I.: Grundlagen der allgemeinen Theorie der analytischen Funktion. 7. Aufl. Mit 8 Fig. 139 S. 1949 . . . . Bd. 668
II.: Anwendungen und Weiterführung der allgemeinen Theorie. 7. Aufl. Mit 7 Fig. 130 S. 1949 . . . . Bd. 703

Aufgabensammlung zur Funktionentheorie. Von K. Knopp.
I.: Aufgaben zur elementaren Funktionentheorie. 4. Aufl. 135 S. 1949 . . . . Bd. 877
II.: Aufgaben zur höheren Funktionentheorie. 4. Aufl. 151 S. 1949 . . . . Bd. 878

Gewöhnliche Differentialgleichungen. Von G. Hoheisel. 4., neubearbeitete Aufl. 129 S. 1951 . . . . Bd. 920

Partielle Differentialgleichungen. Von G. Hoheisel. 3., neubearb. Aufl. 130 S. 1952. In Vorbereitung . . . . Bd. 1003

Aufgabensammlung zu den gewöhnlichen und partiellen Differentialgleichungen. Von G. Hoheisel. 2., umgearb. Aufl. 124 S. 1952 . . . . Bd. 1059

Differentialrechnung. Von A. Witting. 3., neubearb. Aufl. Durchgesehener Neudruck. Mit 95 Fig. und 200 Beispielen. 201 S. 1949 . . . . Bd. 87

Repetitorium und Aufgabensammlung zur Differentialrechnung. Von A. Witting. 2. Aufl. Neudruck. 122 S. 1949 . . . . Bd. 146

Integralrechnung. Von A. Witting. 2. verbesserte Aufl. Durchgesehener Neudruck. Mit 62 Fig. und 190 Beispielen. 176 S. 1949 . . . . Bd. 88

Repetitorium und Aufgabensammlung zur Integralrechnung. Von A. Witting. 2. Aufl. Neudruck. 121 S. 1949 . . . . Bd. 147

Einführung in die konforme Abbildung. Von L. Bieberbach. 4. Aufl. Mit 42 Zeichnungen. 147 S. 1949 . . . . Bd. 768

Darstellende Geometrie. Von R. Haussner. 1. Teil: Elemente, ebenflächige Gebilde. 6., unveränderte Aufl. Mit 110 Fig. 207 S. 1947 . . . . Bd. 142
2. Teil: Perspektive ebener Gebilde, Kegelschnitte. 5., unveränderte Aufl. Mit 88 Fig. 168 S. 1947 . . . . . . Bd. 143

Sammlung von Aufgaben und Beispielen zur analytischen Geometrie der Ebene. Von R. Haussner. Neudruck. Mit 22 Fig. 139 S. 1949 . . . . Bd. 256

Ebene und sphärische Trigonometrie. Von G. Hessenberg. 4. Aufl., Neudruck. 1952 . . . . Bd. 99

Nichteuklidische Geometrie. Hyperbolische Geometrie der Ebene. Von R. Baldus. 3., verbess. Aufl. durchges. von F. Löbell. Mit 70 Fig. 140 S. 1952. In Vorbereitung . . . Bd. 970

Vermessungskunde. Von P. Werkmeister. I.: Stückmessung und Nivellieren. 9. Aufl. Mit 145 Fig. 172 S. 1949 . . . Bd. 468
II.: Messung von Horizontalwinkeln. Festlegung von Punkten im Koordinatensystem. Absteckungen. 7. Aufl. Mit 63 Fig. 151 S. 1949 . . . . Bd. 469
III.: Trigonometrische und barometrische Höhenmessung Tachymetrie und Topographie. 6. Aufl. Mit 64 Fig. 147 S. 1949 . . . . Bd. 862

Vektoranalysis. Von S. Valentiner. 7., wesentlich veränderte Aufl. Mit 19 Fig. 138 S. 1950 . . . . Bd. 354

Physik / Chemie / Allgemeine, anorganische, organische und experimentelle Chemie / Elektrochemie / Technologie

Physikalische Formelsammlung. Von G. u. K. Mahler. 8., verbesserte Aufl. Mit 69 Fig. 153 S. 1950 . . . . Bd. 136

Physikalische Aufgabensammlung. Von G. u. K. Mahler. Mit den Ergebnissen. 7., verbess. Aufl. 127 S. 1952 . . . Bd. 243

Differentialgleichungen der Physik. Von E. Sauter. 2. Aufl. Mit 16 Fig. 148 S. 1950 . . . . Bd. 1070

Einführung in die Kristalloptik. Von E. Buchwald. 4., verbess. Aufl. Mit 121 Fig. 138 S. 1952 . . . . Bd. 619
Vektoranalysis. Von S. Valentiner. 7., wesentl. veränderte Aufl. Mit 19 Fig. 138 S. 1950 . . . . Bd. 354
Geschichte der Chemie. Von G. Lockemann. Bd. I: Vom Altertum bis zur Entdeckung des Sauerstoffs. Mit 8 Bildnissen. 142 S. 1950 . . . . Bd. 264
Allgemeine und physikalische Chemie. Von W. Schulze.
I. Teil: 3., durchgesehene Aufl. Mit 22 Fig. 146 S. 1949 Bd. 71
II. Teil: 3., durchgesehene Aufl. Mit 36 Fig. 160 S. 1949 Bd. 698
Physikalisch-Chemische Rechenaufgaben. Von E. Asmus. 2. Aufl. 96 S. 1949 . . . . Bd. 445
Anorganische Chemie. Von W. Klemm. 7. Aufl. Mit 18 Abb. 184 S. 1952 . . . . Bd. 37
Thermochemie. Von W. A. Roth. 3. Aufl. Mit 16 Fig. 109 S. 1952 . . . . Bd. 1057
Stöchiometrische Aufgabensammlung. Mit den Ergebnissen. Von W. Bahrdt und R. Scheer. 5., verbess. Aufl. Mit 120 S. 1952 . . . . Bd. 452
Organische Chemie. Von W. Schlenk. 5., verbess. Aufl. Mit 17 Fig. 239 S. 1949 . . . . Bd. 38
Analytische Chemie. Von J. Hoppe. I.: Reaktionen. 5., verbesserte Aufl. 135 S. 1950 . . . . Bd. 247
II.: Gang der qualitativen Analyse. 5., verbesserte Aufl. 168 S. 1950 . . . . Bd. 248
Elektrochemie und ihre physikalisch-chemischen Grundlagen. Von A. Dassler. Bd. I.: Mit 21 Abb. 149 S. 1950 Bd. 252
Bd. II: Mit 17 Abb. 178 S. 1950 . . . . Bd. 253
Warenkunde. Von K. Hassak und E. Beutel. 7. Auflage, neu bearbeitet von A. Kutzelnigg. Bd. I: Anorganische Waren sowie Kohle und Erdöl. Mit 19 Fig. 116 S. 1947 . Bd. 222
Bd. II: Organische Waren. Mit 32 Fig. 143 S. 1949 . . . Bd. 223
Die Fette und Öle. Von K. Braun. 5. vollständig neubearb. und verbess. Aufl. von Th. Klug. 145 S. 1950 . . . . . Bd. 335

Naturwissenschaften / Biologie / Botanik / Zoologie Land- und Forstwirtschaft

Hormone. Von G. Koller. 2. Aufl. Mit 60 Abb. und 19 Tab. 187 S. 1949 . . . . Bd. 1141
Geschlecht und Geschlechtsbestimmung im Tier- und Pflanzenreich. Von M. Hartmann. 2. Aufl. Mit 62 Abb. 155 S. 1951 . . . . Bd. 1127
Fortpflanzung im Tier- und Pflanzenreich. Von J. Hämmerling. 2., ergänzte Aufl. Mit 101 Abb. 135 S. 1951 . . . . Bd. 1138
Grundriß der allgemeinen Mikrobiologie. Von W. Schwartz.
Bd. I: Mit 17 Abb. 104 S. 1949 . . . . Bd. 1155
Bd. II: Mit 12 Abb. 93 S. 1949 . . . . Bd. 1157
Symbiose der Tiere mit pflanzlichen Mikroorganismen. Von P. Buchner. 2., verbesserte und vermehrte Aufl. Mit 121 Abb. 130 S. 1949 . . . . Bd. 1128
Entwicklungsgeschichte des Pflanzenreiches. Von H. Heil. 2. Aufl. Mit 94 Abb. und 1 Tab. 138 S. 1950 . . . . Bd. 1137
Morphologie der Pflanzen. Von L. Geitler. 3. Aufl. Mit 114 Abb. 126 S. 1952. . . . . Bd. 141
Pflanzenzüchtung. Von H. Kuckuck. I: Grundzüge der Pflanzenzüchtung. 3., völlig umgearbeitete u. erweiterte Aufl. Mit 22 Abb. 132 S. 1952 . . . . Bd. 1134

Die Laubhölzer. Von F. W. Neger und E. Münch. 3., durchgesehene Aufl., herausgegeben von B. Huber. Mit 63 Fig. und 7 Tab. 142 S. 1950 . . . . Bd. 718

Die Nadelhölzer (Koniferen) und übrigen Gymnospermen. Von F. W. Neger und E. Münch. 4., durchges. u. ergänzte Aufl., herausgegeb. von B. Huber. Mit 75 Fig., 4 Tabellen u. 3 Karten. 140 S. 1952 . . . . Bd. 355

Vergleichende Physiologie der Tiere. Von K. Herter. I.: Stoff- und Energiewechsel. 3. Aufl. Mit 64 Abb. 155 S. 1950 . . . . Bd. 972

II.: Bewegung und Reizerscheinungen. 3. Aufl. Mit 110 Abb. 148 S. 1950 . . . . Bd. 973

Landwirtschaftliche Tierzucht. Die Züchtung und Haltung der landwirtschaftlichen Nutztiere. Von H. Vogel. Mit 11 Abb. 139 S. 1952 . . . . Bd. 228

Kulturtechnische Bodenverbesserungen. Von O. Fauser. I.: Allgemeines, Entwässerung. 4., neubearbeitete Aufl. Mit 47 Abb. 122 S. 1947 . . . . Bd. 691

II.: Bewässerung, Ödlandkultur, Umlegung. 4., neubearbeitete Aufl. Mit 67 Abb. 150 S. 1948 . . . . Bd. 692

Geologie / Mineralogie / Kristallographie

Petrographie. Von W. Bruhns u. P. Ramdohr. 3., durchgesehene Aufl. Mit 10 Fig. 117 S. 1949 . . . . Bd. 173

Kristallographie. Von W. Bruhns und P. Ramdohr. 4. Aufl. 1952. In Vorbereitung . . . . Bd. 210

Einführung in die Kristalloptik. Von E. Buchwald. 4., verb. Aufl. Mit 121 Fig. 138 S. 1952 . . . . Bd. 619

Lötrohrprobierkunde. Mineraldiagnose mit Lötrohr und Tüpfelreaktion. Von M. Henglein. 3., verbesserte Aufl. Mit 11 Fig. 91 S. 1949 . . . . Bd. 483

Ingenieurwissenschaften

Allgemeines / Maschinenbau / Hoch- und Tiefbau Elektrotechnik / Wasserbau

Technische Tabellen und Formeln. Von W. Müller. 4., überarbeitete Aufl. Von E. Schulze. Mit 105 Fig. 152 S. 1951 Bd. 579

Dynamik. Von W. Müller. I.: Dynamik des Einzelkörpers. 2., verbesserte Aufl. Mit 70 Fig. 160 S. 1952 . . . . . . Bd. 902

II.: Systeme von starren Körpern. 2., verbess. Aufl. Mit 41 Fig. 102 S. 1952 . . . . Bd. 903

Technische Thermodynamik. Von W. Nusselt. I.: Grundlagen. 3., verbess. Aufl. Mit 71 Abb. 144 S. 1950 Bd. 1084

II.: Theorie der Wärmekraftmaschinen. Neudruck. Mit 87 Abb. und 32 Zahlentafeln. 144 S. 1951 . . . . Bd. 1151

Festigkeitslehre. Von W. Gehler und W. Herberg. I.: Elastizität, Plastizität und Festigkeit der Baustoffe und Bauteile. Durchgesehener u. erweit. Neudruck. Mit 118 Bildern. 159 S. 1952 . . . . Bd. 1144

Metallkunde. Von H. Borchers. I.: Aufbau der Metalle und Legierungen. Mit 2 Tab. und 90 Abb. 2. Aufl. 110 S. 1950 Bd. 432

II.: Eigenschaften ,Grundzüge der Form und Zustandsgebung. 2. Aufl. Mit 8 Tab., 100 Abb. 154 S. 1952 . . . Bd. 433

Getriebelehre. Von P. Grodzinski u. H. Polster. I.: Geometrische Grundlagen. 2. Aufl. Mit 127 Fig. 1952. . . . Bd. 1061

Die Maschinenelemente. Von E. vom Ende. 2., verbesserte Aufl. Mit 173 Fig. und 12 Taf. 159 S. 1950 . . . . Bd. 3

Das Maschinenzeichnen mit Einführung in das Konstruieren. Von W. Tochtermann.
I.: Das Maschinenzeichnen. 4. Aufl. Mit 77 Taf. 156 S. 1950 . . . . Bd. 589
II.: Ausgeführte Konstruktionsbeispiele. 4. Aufl. Mit 58 Taf. 130 S. 1950 . . . . Bd. 590

Die Dampfkessel und Feuerungen einschließlich Hilfseinrichtungen in Theorie, Konstruktion und Berechnung. Von W. Marcard. 2. Aufl., neubearbeitet von K. Beck.
I.: Die theoretischen Grundlagen. Wärme, Verbrennung, Wärmeübertragung. Mit 42 Abb. u. 16 Tab. 150 S. 1951 Bd. 9
II.: Dampfkessel. Mit 53 Abb. 147 S. 1952 . . . . . . Bd. 521

Gießereitechnik. Von H. Jungbluth. I. Teil: Eisengießerei. Mit 44 Abb. 126 S. 1951 . . . . Bd. 1159

Autogenes Schweißen und Schneiden. Von H. Niese. 5. Aufl., neubearb. von A. Küchler. Mit 71 Fig. 136 S. 1952. . . Bd. 499

Die wichtigsten Baustoffe des Hoch- und Tiefbaues. Von O. Graf. 3., verbesserte Aufl. Mit 58 Abb. 136 S. 1947 . Bd. 984

Baustoffverarbeitung und Baustellenprüfung des Betons. Von A. Kleinlogel. 2., neubearb. u. erweiterte Aufl. Mit 35 Abb. 126 S. 1951 . . . . Bd. 970

Fenster, Türen, Tore aus Holz und Eisen. Von W. Wickop. 3., überarb. und ergänzte Aufl. Mit 96 Abb. 154 S. 1949 Bd. 1092

Heizung und Lüftung. Von J. und W. Körting. I.: Das Wesen und die Berechnung der Heizungs- und Lüftungsanlagen. 8., neubearb. Aufl. Mit 29 Abb. und 18 Zahlentafeln. 140 S. 1951 . . . . Bd. 342
II.: Die Ausführung der Heizungs- u. Lüftungsanlagen. 8. Aufl. 1952. In Vorbereitung . . . . Bd. 433

Die Gleichstrommaschine. Von K. Humburg.
I. Durchgesehener Neudruck. Mit 59 Abb. 102 S. 1949 Bd. 257
II. Durchgesehener Neudruck. Mit 38 Abb. 98 S. 1949 Bd. 881

Die synchrone Maschine. Von K. Humburg. Neudruck. Mit 78 Bildern. 109 S. 1951 . . . . Bd. 1146

Transformatoren. Von W. Schäfer. 2. Aufl. Mit 74 Abb. 128 S. 1949 . . . . Bd. 952

Die komplexe Berechnung von Wechselstromschaltungen. Von H. H. Meinke. Mit 114 Abb. 160 S. 1949 . . . . . Bd. 1156

Theoretische Grundlagen zur Berechnung der Schaltgeräte. Von F. Kesselring. 3. Aufl. Mit 92 Abb. 144 S. 1950 . . . Bd. 711

Elektromotorische Antriebe. (Grundlagen für die Berechnung.) Von A. Schwaiger. 3., neubearb. Aufl. Mit 34 Abb. 95 S. 1952 . . . . Bd. 827

Überspannungen und Überspannungsschutz. Von G. Frühauf. Durchges. Neudruck. Mit 98 Abb. 122 S. 1950 . . . Bd. 1132

Verkehrswasserbau. Von H. Dehnert. I.: Entwurfsgrundlagen, Flußregelungen. Mit 52 Textabb. 103 S. 1950 . . Bd. 585
II.: Flußkanalisierungen und Schiffahrtskanäle. Mit 60 Textabb. 94 S. 1950 . . . . Bd. 597
III.: Schleusen und Hebewerke. Mit 70 Textabb. 98 S. 1950 . . . . Bd. 1152

Wehr- und Stauanlagen. Von H. Dehnert. Mit 90 Abb. 134 S. 1952 . . . . Bd. 965

Geisteswissenschaften

Philosophie / Psychologie

Einführung in die Philosophie. Von H. Leisegang. 145 S. 1951 Bd. 281
Hauptprobleme der Philosophie. Von G. Simmel. 7., unveränderte Auflage. 177 S. 1950 . . . . Bd. 500
Erkenntnistheorie. I.: Allgemeine Grundlegung. Von G. Kropp. 143 S. 1950 . . . . Bd. 807
Geschichte der Philosophie I. Die griechische Philosophie. I. Teil: Von Thales bis Leukippos. Von W. Capelle. 2. Aufl. 132 S. 1952 . . . . Bd. 857
Geschichte der Philosophie VI. Die Philosophie des 19. Jahrhunderts. I. Teil: Von G. Lehmann. Etwa 144 S. 1952. In Vorbereitung. Bd. 571
Die geistige Situation der Zeit. (1931). Von K. Jaspers. 2., unveränderter Abdruck der im Sommer 1932 bearbeiteten 5. Aufl. 232 S. 1949 . . . . Bd. 1000
Philosophisches Wörterbuch. Von M. Apel. 3., neubearb. Aufl. 260 S. 1950 . . . . Bd. 1031
Therapeutische Psychologie. (Freud, Adler, Jung). Von W. M. Kranefeldt. 2. Aufl. 152 S. 1950 . . . . Bd. 1034

Religionswissenschaften

Jesus. Von M. Dibelius. 2. Aufl. Neudruck. 141 S. 1949 Bd. 1130
Paulus. Von M. Dibelius. Hrsg. und zu Ende geführt von W. G. Kümmel. 155 S. 1951 . . . . Bd. 1160

Musik / Kunst

Musikästhetik. Von H. J. Moser. Etwa 144 S. 1952 . . . . Bd. 344
Systematische Modulation. Von R. Hernried. 2. Aufl. 136 S. 1950 . . . . Bd. 1094
Der polyphone Satz. I. Der cantus-firmus-Satz. Von E. Pepping. 2. Aufl. 223 S. 1950 . . . . Bd. 1148
Die Musik des 19. Jahrhunderts. Von W. Oehlmann. 180 S. 1952. In Vorbereitung . . . . Bd. 170
Stilkunde. I. Vorzeit, Antike, Mittelalter. Von H. Weigert. 2. Aufl. Mit 94 Abb. 136 S. 1952. In Vorbereitung . . . Bd. 80
II. Spätmittelalter und Neuzeit. 2. Aufl. Mit 84 Abb. 147 S. 1952. In Vorbereitung . . . . Bd. 781

Geschichte

Allgemeines / Vor- und Frühgeschichte / Altertum, Mittelalter und Neuzeit / Kulturgeschichte

Einführung in die Geschichtswissenschaft. Von P. Kirn. 2. Aufl. 121 S. 1952 . . . . Bd. 270
Kultur der Urzeit. Bd. I: Die vormetallischen Kulturen. (Die Steinzeiten Europas. Gleichartige Kulturen in anderen Erdteilen.) Von F. Behn. 4. Aufl. Mit 48 Abb. 172 S. 1950 . . . . Bd. 564
Bd. II: Die älteren Metallkulturen. (Der Beginn der Metallbenutzung. Kupfer- und Bronzezeit in Europa, im Orient und Amerika.) 4. Aufl. Mit 67 Abb. 160 S. 1950 . Bd. 565
Bd. III: Die jüngeren Metallkulturen. (Das Eisen als Kulturmetall. Hallstatt- und Latène-Kultur in Europa. Das erste Auftreten des Eisens in den anderen Weltteilen.) 4. Aufl. Mit 60 Abb. 149 S. 1950 . . . . Bd. 566

Vorgeschichte Europas. Von F. Behn. 7. Aufl. Mit 47 Abb. 125 S. 1949 . . . . Bd. 42
Archäologie. Von A. Rumpf. I. 136 S. 1952 . . . . Bd. 538
Zeitrechnung der römischen Kaiserzeit, des Mittelalters und der Neuzeit. Für die Jahre 1—2000 n. Chr. Von H. Lietzmann. 2. Aufl. besorgt d. A. Hofmeister. 126 S. 1952. In Vorbereitung . . . . Bd. 1085
Quellenkunde der deutschen Geschichte im Mittelalter. (Bis zur Mitte des 15. Jahrh.) I. Einleitung. Allgemeiner Teil. Die Zeit der Karolinger. Von K. Jacob. 5. Aufl. 118 S. 1949 . . . . Bd. 279
II. Die Kaiserzeit (911—1250). 4. Aufl. 127 S. 1949 . . . Bd. 280
III. Das Spätmittelalter (vom Interregnum bis 1500). Unter Verwendung des Nachlasses von K. Jacob. Herausgegeben von F. Weden. 152 S. 1952 . . . . Bd. 284
Von den Karolingern zu den Staufern. Die altdeutsche Kaiserzeit (900—1250). Von J. Haller. 3. Aufl. Mit 4 Karten. 141 S. 1944 . . . . Bd. 1065
Deutsche Geschichte im Zeitalter der Reformation, der Gegenreformation und des 30jährigen Krieges. Von F. Hartung. 129 S. 1951 . . . . Bd. 1105
Geschichte Englands. Teil I: bis 1815. Von H. Preller. 3., stark umgearbeitete Aufl. Mit 2 Karten. 135 S. 1952 . . Bd. 375
Geschichte der Mathematik. I. Von den Anfängen bis zum Auftreten von Fermat und Descartes. Von J. E. Hofmann. 199 S. 1952 . . . . Bd. 226
Geschichte der Chemie. Bd. I: Vom Altertum bis zur Entdeckung des Sauerstoffs. Von G. Lockemann. Mit 8 Bildnissen. 142 S. 1950 . . . . Bd. 264

Sprach- und Literaturwissenschaft

Indogermanisch / Germanisch

Indogermanische Sprachwissenschaft. Von H. Krahe. 2. Auflage. 134 S. 1948 . . . . Bd. 59
Sanskrit-Grammatik. Von M. Mayrhofer. 89 S. 1952 . . . Bd. 1158
Germanische Sprachwissenschaft. Bd. I: Einleitung und Lautlehre. Von H. Krahe. 2. Aufl. 127 S. 1948 . . . . . Bd. 238
Bd. II: Formenlehre. 2. Aufl. 140 S. 1948 . . . . Bd. 780
Altnordisches Elementarbuch. Schrifttum, Sprache, Texte mit Übersetzung und Wörterbuch. Von F. Ranke. 2., durchgesehene Aufl. 146 S. 1949 . . . . Bd. 1115

Deutsche Sprache und Literatur

Deutsche Wortkunde. Eine kulturgeschichtliche Betrachtung des deutschen Wortschatzes. Von A. Schirmer. 3. Aufl. 109 S. 1949 . . . . Bd. 929
Deutsches Dichten und Denken von der germanischen bis zur staufischen Zeit. (Deutsche Literaturgeschichte vom 5. bis 13. Jhdt.) Von H. Naumann. 2., verbess. Aufl. 166 S. 1952 . . . . Bd. 1121
Deutsche Sprachlehre. Von W. Hofstaetter. 9., neubearb. Aufl. von G. Spree. 144 S. 1952 . . . . Bd. 20
Sprechen und Sprachpflege. Von H. Feist. 2. Aufl. Mit 25 Abb. 99 S. 1952 . . . . Bd. 1122

Der Nibelunge Nôt. In Auswahl mit kurzem Wörterbuch. Von K. Langosch. 9., umgearbeitete Aufl. 163 S. 1952 . Bd. 1
Deutsches Dichten und Denken vom Mittelalter zur Neuzeit. (1270—1700.) Von G. Müller. 2. Aufl. 159 S. 1949 . . . Bd. 1086
Deutsches Dichten und Denken von der Aufklärung bis zum Realismus. (1700—1890.) Von K. Viëtor. 2. Aufl. 156 S. 1949 . . . . Bd. 1096

Englische Sprache / Romanische Sprache und Literatur

Altenglisches Elementarbuch. Einführung, Grammatik. Texte mit Übersetzung und Wörterbuch. Von M. Lehnert. 2., verbesserte und vermehrte Aufl. 176 S. 1950 . Bd. 1125
Beowulf. Eine Auswahl mit Einführung, teilweiser Übersetzung, Anmerkungen und etymologischem Wörterbuch. Von M. Lehnert. 2., verbesserte Aufl. 135 S. 1949 . . . Bd. 1135
Italienische Literaturgeschichte. Von K. Voßler. Unveränderter Nachdruck der 1927 erschienenen 4., durchgesehenen und verbesserten Aufl. 148 S. 1948 . . . . . Bd. 125

Griechisch / Lateinisch

Geschichte der griechischen Sprache. I. Bis zum Ausgang der klassischen Zeit. Von O. Hoffmann. 3., stark umgearbeitete Aufl. von A. Debrunner. 144 S. 1952. In Vorbereitung . . . . Bd. 111
Geschichte der griechischen Literatur. I. Von den Anfängen bis auf Alexander d. Gr. Von W. Nestle. 2., verbesserte Aufl. Neudruck. 148 S. 1950 . . . . Bd. 70
II. Von Alexander d. Gr. bis zum Ausgang der Antike. 2., verbesserte Aufl. 128 S. 1945 . . . . Bd. 557
Geschichte der lateinischen Sprache. Von F. Stolz. 3., stark umgearbeitete Aufl. von A. Debrunner. 136 S. 1952 . . Bd. 492

Orientalia / Russisch

Sanskrit-Grammatik. Von M. Mayrhofer. 89 S. 1952 . . . Bd. 1158
Hebräische Grammatik. I. Band: Schrift-, Laut- und Formenlehre I. Von G. Beer. 2., völlig umgearb. Aufl. von R. Meyer. 157 S. 1952 . . . . Bd. 763
Russische Grammatik. Von E. Berneker und M. Vasmer. 6., unveränderte Aufl. 155 S. 1947 . . . . Bd. 66

Erd- und Länderkunde

Kartenkunde. Von M. Eckert-Greiffendorff. Durchgesehen von W. Kleffner. 3. Aufl. Mit 63 Abb. 149 S. 1950 . . . Bd. 30
Australien und Ozeanien. Von H.-J. Krug. Mit 46 Skizzen. 176 S. 1952 . . . . Bd. 319

Wirtschaftswissenschaften / Gesellschaftskunde

Allgemeine Betriebswirtschaftslehre. Von K. Mellerowicz. 3 Bde. I: 142 S., II: 112 S., III: 141 S. 7. Aufl. 1952. Bd. 1008, 1153, 1154
Soziologie. Geschichte und Hauptprobleme. Von L. v. Wiese. 4. Aufl. 151 S. 1950 . . . . Bd. 101

FSC
www.fsc.org
MIX
Papier | Fördert
gute Waldnutzung
FSC® C083411

Zeitfracht Medien GmbH
Ferdinand-Jühlke-Straße 7
99095 Erfurt, Deutschland
produktsicherheit@kolibri360.de